生态文明取向的
工业区域布局研究

傅帅雄　著

中国大百科全书出版社

图书在版编目（CIP）数据

生态文明取向的工业区域布局研究／傅帅雄著．
—北京：中国大百科全书出版社，2016.9

ISBN 978-7-5000-9970-3

Ⅰ．①生…　Ⅱ．①傅…　Ⅲ．①工业布局—研究
Ⅳ．① F403.3

中国版本图书馆 CIP 数据核字（2016）第 210090 号

策 划 人　郭银星
责任编辑　李　静
封面设计　程　然
责任印制　魏　婷
出版发行　中国大百科全书出版社
地　　址　北京市阜成门北大街 17 号　　　邮政编码　100037
电　　话　010-88390093
网　　址　http://www.ecph.com.cn

开　　本　787 毫米 ×1092 毫米　　　1/16
印　　张　11
字　　数　109 千字
印　　次　2016 年 9 月第 1 版　2016 年 9 月第 1 次印刷
书　　号　ISBN 978-7-5000-9970-3
定　　价　28.00 元

本书如有印装质量问题，可与出版社联系调换。

目录

导论

随着生态文明时代的到来，人们对生态环境的重视程度日益增强。在这一大的背景下如何以科学发展观为指导进一步优化工业空间布局，缓解生态环境的压力，是当前一个重要的研究课题。这既需要我们进一步发展和深化工业布局理论，又要针对现实问题的新变化，研究生态文明取向的工业区域布局的实施路径和相关政策。

1.1 选题的意义

从历史上看，人类文明大致经历了原始文明、农业文明和工业文明，目前正在向生态文明迈进。工业文明时代，在"人类中心主义"核心价值理念的影响下，人类社会虽然取得了前所未有的物质文明成就，但也遇到了空前的社会危机和生态危机。巨大的贫富与城乡区域差距、人口剧增、环境污染、资源破坏和生态失衡等问题并不是孤立地表现出来，而是以"问题群"的形式展现在人类的面前。在这一阶段，尽管发达国家对处理社会矛盾和生态环境问题进行了理论思考与实践探索，但其普遍采用的"末端治理"模式，并不能从根本上去协调人与自然和人与人之间的关系，也给后进国家在处理上述关系的理念与模式的选择上带来许多"惯性"的负面影响。也就是说，在工业文明的框架内，"头痛医头，脚痛医脚"的方法，不能从根本上解决人类活动与自然环境的协调问题。人类对生态文明的选择，是当代人类在探索环境保护和可持续发展战略的过程中逐渐明确下来的。生态文明是"状态"和"过程"的统一，生态文明的"状态"需要在人类经济、社会和生态发展的良性互动中加以体现和实现，它强调人类社会要具备较高的环保意识，构建可持续的经济发展模式，设计更加公正合理的社会制度。因此，为了避免重复发达国家"先污染后治理"发展模式所带来的各种矛盾，从20世纪70年代开始，我国的一些学者开始对工业文明所造成的生态环境恶化问题进行呼吁并著书立说。叶谦吉（1987）认为生态文明，就是人类既获利于自然，又还利于自然，在改造自然的同时又保护自然，人与自然之间保持着和谐统一的关系。90年代中后期，生态文明这一概念频频出现在国内的报刊、杂志与学术论文中，讨论的内容主要涉及生态文明的内涵、外延、特征以及生态文明建设的实现路径与政策选择等。潘岳（2003）认为，生态文明是指人类遵循人、自然、社会和谐发展这一客观规律而取得的物质与精神成果的总和，是指以人与自然、人与人、人与社会和谐共生、良性循环、全面发展、持续繁荣为基本宗旨的文化伦理形态。国内也由不少学者认为生态文明关键在于生产方式的转变。包庆德、王金柱（2006）认为生态文明不但需要思维方式以及思想观念上的转变，更需要从人类的生产和生活方式中进行生态化转换。赵成（2007）也提出要消除工业化生产方式所产生的消极环境后果，解决生态危机，实现人与自然的和谐，就必须对工业化的生产方式进行变革，形成生态化生产方式。

中国生态文明概念的提出，是中国特色社会主义理论发展的重要体现。将生态文明与社会主义物质文明、精神文明和政治文明一起作为和谐社会建设的重要内容和任务，是科学发展、和谐发展理念的又一次升华。胡锦涛总书记在"十七大"报告中强调："要建设生态文明，基本形成节约能源资源和保护环境的产业结构、增长方式、消费模式。循环经济形成较大规模，可再生能源比重显著上升。主要污染物排放得到有效控制，生态环境质量明显改善。生态文明观念在全社会牢固树立。"

我国目前正在加快推进新型工业化的进程，工业化正在由工业化中期阶段向工业化后期阶段过渡，由于工业在国民经济发展中的重要地位，工业布局将直接影响区域经济的协调发展以及我国区域发展总体战略的实施效果。面对我国由于粗放型经济方式导致的资源环境问题，如何以科学发展观为指导进一步优化工业空间布局，缓解资源环境压力，实现工业布局由粗放型向集约型转型，建设资源节约型和环境友好型社会，是当前一个重要的研究课题。

在生态文明的视角下，工业的优化布局除了考虑到工业文明下强调的基于生产要素的比较优势原则、存在的聚集经济效应和缩小区域差距之外，还应该考虑生态保护的目标，并将之与经济、社会发展并重。生态文明作为工业文明的替代力量逐步兴起，必将赋予中国工业布局新的时代内涵和价值标准，对新时期我国工业的优化布局提出新的要求。这既需要我们进一步发展和深化工业布局理论，又要针对现实问题的新变化，进行针对性的政策研究。当前，从生态文明"状态"和"过程"两个维度考察我国工业布局的发展，经济与环境协调发展目标的实现还面临着难以破解的矛盾和问题：我国资源的空间分布极不均衡，如何根据资源环境承载能力、已有的开发强度和未来的发展潜力，确定各区域的合理功能分工，实现资源开发的区域（空间）协调，是区域协调发展面临的一个重要问题。同时，区域产业转移和产业结构调整过程中，由于缺乏产业分工与合作经济效率与生态效率的整体考虑，客观上造成区域产业结构演进与资源、环境承载能力下降的矛盾日益尖锐。

上述矛盾和问题是我国工业区域布局中生态文明建设所面临的主要障碍和问题，需要综合的破解思路和解决方案。目前，以科学发展观为统领，以生态文明为核心价值取向的区域协调发展战略思想已经得到初步的贯彻与实施。在新的历史时期，区域的工业优化布局战略的完善与实施，是全面、深入贯彻落实科学发展观的必然要求，也是推动区域经济科学、和谐和文明发展的重要途径，对于我国各地区充分发挥自身优势，形成相互促进、共同发展的新格局，具有重大的现实意义和深远的历史意义。

1.2　文献综述

1.2.1　工业布局研究

工业布局理论可以追溯到 20 世纪初的古典工业区位论，德国经济学家阿尔弗雷德·韦伯（Alfred Weber，1909）发表了世界第一部近代工业区位著作《工业区位论》，认为费用最小的工业区位是最好的区位，影响工业布局的因素应该包括劳动力、交通成本和集聚因素。克里斯塔勒（Christaller，1933）首创了以城市聚落为中心进行市场与网络分析的理论，即"中心地区理论"。他假设研究区域为一块均质平原，人口和原材料产地均匀分布，消费者的偏好相同，运输条件也完全一致。

在此前提下，厂商区位选择时需考虑需求界限和市场范围。这种区位原则使得在商品市场中自然形成了大小不等的核心，被称为"中心地"。廖什（Losh，1940）在其著作《经济空间秩序》中，将空间概念融入经济分析，提出了区位平衡的理论与方法。他认为在工业布局中除了要受到竞争者的影响以外，还会受到供应者和消费者的影响。廖什通过构建 5 组区位平衡方程，即 5 组均衡条件，讨论了工业布局区域的平衡。与杜能、韦伯不同的是，廖什认为工业区位选择的原则为寻求利润最大化，最优区位即为总收入与总成本相比差额最大的区位。沃尔特·艾萨德（Walter Isard，1956）在前人的研究基础上开创了区域科学并搭建了新的理论框架，认为厂商通过权衡运输和生产成本，从利润最大化的角度对区位选择进行决策。

20 世纪 70 年代末以来，一些经济学家将空间维度引入现代主流经济学（如赫尔普曼 Helpman，1981，1984；克鲁格曼和维纳布尔斯 Krugman and Venables，1991，1995；藤田昌久 Fujita，1989）。其中最具代表的是克鲁格曼（1991），他以传统的收益递增为理论基础，引入地理区位等因素，并利用迪克西特－斯蒂格利茨（Dixit－Stiglitz，1977）的垄断竞争模型、萨缪尔森的冰山成本和 CES 效用函数，构建了一个解释经济活动空间分布的经济地理学的模型，提出集聚力和分散力共同作用导致了经济活动空间分布的演变。藤田昌久和蒂斯（Fujita and Thisse，1996，2002）进一步研究了核心边缘模型（CP model），克鲁格曼（1991a，b）分析了城市区域空间分布的作用。藤田昌久和蒂斯（1996）认为完全竞争下的外部性、垄断竞争下的规模收益递增以及博弈条件下的空间竞争是企业集聚的理论基础。鲍德温（Baldwin，1997）认为即使不存在劳动力流动，要素积累也会通过需求的关联作用强化集聚。戴维斯和温斯坦（Davis and Weinstein，1998，1999）证实了经济活动中明显的内生集聚作用存在。米德尔法特－克拉韦克和斯提恩（Midelfart－Knarvik and Steen，1999）在研究发现并得出产业前向、后向联系对挪威产业布局影响的直接证据。戈登和麦卡恩（Gordon and McCann，2000）概括了三大产业集聚理论模型，即集聚经济模型、产业综合体模型以及社会网络模型。米德尔法特－克拉韦克，欧尔曼（Overman），雷丁（Redding）和维纳布尔斯（2000）认为集聚力是对欧洲产业布局及其空间演变规律的一个重要解释。

1.2.2　环境对工业布局的影响

总体来看工业布局的理论研究多从经济效率的角度进行分析，很少将生态承载和环境保护这些因素考虑进来。但随着生态环境重要性的不断提升，产业布局和产业转移可能引发的生态效应已经成为目前环境经济学、国际贸易等研究的热点。

（1）污染天堂假说的提出

吉恩·格罗斯曼和阿兰·克鲁格（Gene Crossman and Alan Krueger，1993）在北美自由贸易协定（NAFTA）研究中开创性地提出了环境库兹涅茨曲线（EKC）假说，该假说认为一个国家的人均收入水平与该国的环境质量呈倒 U 型关系。收入虽然在增加，但污染在发达国家减少而在发展中国家却是增加。这一研究的重要性在于，之前很多贸易政策领域的研究认为贸易和经济增长有利于环境。如果把环境质量看作一种普通商品，随着贸易和经济增长带来收入的增加，人们对环境质量的要求会逐渐增强，同时政府也有能力负担昂贵的环境保护成本。但他们最终忽视一个关键问题，即贸易可能会通过其他各种渠道改变环境结果，贸易可能会鼓励污染型产业从环保政策严的国家（地区）转移到那些环保政策较为宽松的国家（地区），而这些污染型产业在环保政策较为宽松的国家（地区）可能排放更多的污染，如二氧化硫污染。全球大气污染增加的外部性同样会使环保政策严的国家（地区）的环境受到影响，当然总体环保政策较为宽松的国家（地区）污染更为明显，该假说被称为污染天堂假说。污染天堂假说是在原有的比较优势理论基础上加入污染问题进行分析，认为低收入地区的低环境标准成为比较优势，高收入地区会将一些污染密集度高的产品或产业交给不发达国家生产和发展，所以贸易会恶化不发达国家的环境。具体而言，低收入地区工业化过程中不可避免地要承接高收入地区的产业转移，其方式主要是贸易和外来投资，对于给定金额的贸易额或者投资而言，相对于高收入国家的严格环境法规，低收入地区设置相对宽松的环境法规，因发展水平和环境标准差异而被迫接受发达国家产业转移过程中带来的污染转移。

在很多情况下，竞争国家之间为了吸引更多的高环境规制标准国家的企业往往刻意地降低本国的环境规制标准（埃斯蒂 Esty，1994，1996）。但这种以降低环境规制标准来吸引产业的战略行为将会因为最佳环境规制标准的这一压力而影响其发展（莱文森 Levinson，1999）。同时，许多实证方面的研究表明，这种以环境规制标准降低来吸引高规制标准国家产业转移的竞争往往是竞争到底的，即这种相互竞争博弈的结果导致各竞争国的环境规制标准一降再降，形成恶性竞争，使得环境不断恶化（曼妮和惠勒 Mani and Wheeler，1999；范比尔斯和范登伯格 van Beers and van den Bergh，1997）。国家之间通过制定不同规制强度的政策，从而在竞争中谋取福利的研究在经济学中已经很普遍（菲谢尔 Fischel，1975；奥茨和施瓦布 Oates and Schwab，1988）。但应用这一理论从国际贸易与环境规制角度来研究向规制标准底线赛跑的相互竞争问题，从 20 世纪 90 年代才开始得到关注（莱文森，1997；弗里克森和米利米特 Fredriksson and Millimet，2000）。污染危害的范围和监管部门管辖范围的不匹配，以及在监管过程中信息技术的差距和不足，也会导致监管部门制定过高或过低的规制标准。安特魏莱尔特（Antweileret，2001）认为假定政府是政治投机的，因贸易自由化污染性产品出口关税降低使得污染产业部门利益受损，这时候政治投机的政府就可能会在贸易自由化之后通过弱化环境规制强度来补偿这些在贸易自由化当中利益受损的部门。而且，一旦贸易竞争对手选择了非最佳环境规制标准，福利最大化的政府就有可能通过战略性调整来改变自身的环境规制标准，以谋求产业转移和出口贸易所带来的经济效益（埃斯蒂，1996）。

帕特里克·洛和亚历山大·耶茨（Patrick Low and Alexander Yeats，1992）在研究中发现从 1965 年到 1988 年之间发达国家污染密集型产品的出口份额由 20% 下降到 16%，而同时在很多发展中国家的污染密集型产品的出口份额却增加了。卢卡斯、惠勒和黑蒂希（Lucas、Wheeler and Hettige，1992）采用美国人口普查局的数据研究了近15 000家企业，发现在 1976 年到 1987 年之间，污染密集型产业由美国向发展中国家转移。科普兰和泰勒（Coperland and Taylor，1994）对全球南北贸易进行研究时发现，贸易自由化对发达国家的环境产生积极影响，而对发展中国家的环境产生消极影响。拉维·拉特纳亚克（Ravi Ratnayake，1998）在研究新西兰进出口贸易时发现在 1980 年进口的污染密集性产品的 96% 都来自于经济合作与发展组织（OECD）的成员国，而到了 1993 年这一比重减少到了 86%。与此同时，从发展中国家进口的污染密集型产品所占的比重由 3% 增长到了 11%，而环保型产品进口比重却只由 9% 上升到了 13%。从出口来看，新西兰污染密集型产品的出口份额由 59% 下降到 46%，同时环保型产品出口比例增加。卢卡斯、惠勒和黑蒂希（1992）在研究中也得出了相似的结论，他们研究了 80 多个国家从 1960 年至 1988 年污染密集型制造业的产量和国内生产总值情况。研究发现随着一个国家逐渐变得富裕，其单位国内生产总值所排放的污染将减少，这是伴随着该国产出构成变得环保而产生的。同时还发现污染密集型制造业比重增加最多的国家也是最贫穷的国家。因此他们一致认为经济合作与发展组织的成员国对污染密集型产业严格的监管导致了重大的区位转移，结果加快了发展中国家工业污染速度。南希·博德萨和惠勒（Nancy Birdsall and Wheeler，1992）在研究拉丁美洲污染天堂问题时也发现在经济合作与发展组织的成员国对污染密集型产业实施更严格的监管后，拉丁美洲污染密集型产业比重增长速度加快。曼妮和惠勒（1997）研究了欧洲、北美、日本以及一些发展中国家从 1965 年到 1995 年之间污染型产品的生产和消费发现，从整个制造业来看污染密集型行业在经济合作与发展组织的成员国中的产出比例不断下降，而发展中国家污染密集型行业的产出比例却一直稳定上升。另外，该时期发展中国家污染密集型行业产品出口增加的产值恰好与同时期经济合作与发展组织因增强环境规制力度所投入的污染治理成本相吻合。科尔（Cole，2004）利用南北贸易数据也对这一假说进行了验证。

（2）污染天堂假说的争论

自污染天堂假说提出以来，学术界一直存在争议。托比（Tobey，1990）在对各国环境标准对国际贸易格局的影响进行研究时发现，贸易格局取决于由传统要素禀赋所决定的比较优势，并对这一假说提出了质疑。鲍尔蒂克（Bartik，1988）在考察美国环境规制强度变化对财富 500 强企业布局影响时发现，环境规制强度变化对大多数的制造业布局影响并不显著。

莱文森（1992）发现国家之间不同的环境规制强度对大多数新增企业的布局没有太大影响，只是对一些污染密集型大公司分支机构的布局有影响。卡尔特（Kalt，1988）、格罗斯曼和克鲁格（1993）在实证研究当中发现在一些环境规制强的国家，污染治理成本比较高的行业，其产品仍然保持着较大的对外出口水平。欧桑和南迪（Osang and Nandy，2000）研究了从 1981 年到 1998 年间 52 个国家的五类污染密集型产业的生产和贸易情况，发现没有证据可以证明因发达国家和发展中国家环境规制强度不同而影响这些污染密集型产业的布局选择。污染天堂假说直观上看好像是对的，但一些实证研究（科普兰和泰勒 Coperland and Taylor，2003；贾菲等人 Jaffe et al.，1995；瑞斯皮勒和里丁格 Raspiller and Riedinger，2008）得出的结论表明环境规制和产业布局选择之间的关联度并不强，不能很好地证实该假说。埃德林顿（Ederington，2006）对 1974 到 1994 年间美国污染密集型产业产品进出口研究中发现，这期间大多数污染型产业的产品生产并未被国外进口物品所取代，因此，这一结果并不支持因环境规制强度增大，美国的污染型产业向发展中国家转移的推论。波特和林德（Porter and Linde，1995）提出的波特假说认为环境规制强度的提升推动技术创新，促进了本国污染治理成本的节约，从而对环境规制强度大的国家污染型产品出口未减少这一现象进行了解释。

改革开放以来，大量外资进入中国。国内就中国是否成为外资转移的"污染天堂"问题，也进行了不少的研究，存在不同的观点。许士春（2006）认为出口增长恶化了环境，而进口增长对环境的影响视产业不同而不同。党玉婷等（2007）以中国制造业为例分析了贸易自由化对环境的影响，认为现阶段进出口贸易恶化了我国的生态环境。陈红蕾等（2007）利用中国 1991—2004 年数据对我国贸易自由化的环境效应进行了分析，认为贸易自由化的规模及结构效应为负，技术效应为正，总体效应为正；而周茂荣、祝佳（2008）的结论却相反。佘群芝（2004）对国外多项涉及污染天堂假说实证研究的总结，没发现严环境规制与投资转移之间的强有力证据。

针对这些争论，科普兰和泰勒（2004）在发表在经济文献杂志中的贸易增长和环境（*Trade，Growth，and the Environment*）这篇文章里做了一些解释，他们认为许多学者在研究这一问题时混淆了污染天堂效应和污染天堂假说这两个概念。文章认为污染天堂效应和污染天堂假说是有区别的，污染天堂效应是指当环境规制强度增大，导致成本、收益变化，从而对产业布局的转移产生影响。而污染天堂假说是指在产品贸易壁垒减少的前提下，污染型行业必然会选择从环境规制强度大的国家转移到环境规制强度小的国家。但这一假说成立的前提是环境规制强度是影响产业转移的唯一或最重要的因素。但实际上产业在考虑转移时，不仅会考虑到环境规制的影响，还需要考虑其他诸如劳动力成本、市场等多种因素，如果其他因素的影响都比较大，这时就只能说有污染天堂效应，而不能说污染型行业就一定会从环境规制强度大的国家转移到环境规制强度小的国家。针对当时美国、墨西哥和加拿大不同的环境规制标准，莱文森和泰勒（2008）根据 1977 年至 1986 年美国从墨西哥和加拿大的进口的 132 类三位数制造业部门数据对污染天堂效应进行测算，证实了美国因加强环境规制力度所投入的产业污染治理费用和美国从墨西哥和加拿大的净进口的相关性。韦贝克和克莱尔（Verbeke and Clercq，2006）在分析埃德林顿（2005）和科尔（2005）的研究后，认为之所以他们研究的结论并不支持污染天堂假说，是因为许多污染密集型产业的机器固定成本比较高，并不能随意自由布局；同时，如果这些污染密集型产业产品的国际运输成本较高的话，这些产业将很难选择布局转移。韦贝克和克莱尔（2006）在已有研究的基础上引入 NEG 分析框架来评估环境政策对产业布局的影响，发现环境政策对产业布局的影响比较小，产业布局除了比较环境政策引起的成本大小外，还会考虑集聚经济以及收入效应。穆拉图、格拉克、里格比和埃达·沃森克（Mulatu，Gerlagh，Rigby and Ada Wossink，2010）认为科尔等人（2005）在通过分析美国比较优势来验证污染天堂假说的研究中，虽然结论不支持该假说，是因为该研究未考虑到美国先天的自然条件和人力资本优势对污染密集型产业布局选择的影响。

（3）总结性评述

随着各国生态环境保护意识的不断增强，各国制定的环境保护法律法规的严厉性以及相应的环境规制的强度也在不断增强，但由于各国所处的发展阶段以及自身经济、社会、环境的特点，其针对工业发展所采取的环境规制力度大小也不尽相同。因此，企业从自身的成本收益出发，可能会选择从环境规制强度大的国家向环境规制强度小的国家转移。而就目前来看，发达国家的环境规制强度明显高于发展中国家，同时，发展中国家还具备劳动力、市场等的比较优势，而发展中国家也希望吸引国外投资促进本国经济增长。因此，随着发达国家环境规制强度的进一步增强，污染密集型产业从发达国家向发展中国家转移的趋势将不可避免。但就国外目前的研究来看，"污染天堂"假说和"污染天堂"效应的研究主要集中在国家层面之间，而就一国内环境规制强度对工业布局影响的研究不多。

另外，在国际产业转移的大背景下，中国是否成为外商投资的"污染天堂"问题受到越来越多国内学者的关注。但就目前的研究来看，已有的关于中国的实证研究主要集中在对外贸易和外商直接投资（FDI）对国内环境的影响，而国内区域间产业转移的生态环境效应分析却非常少见。虽然国内环境规制强度统一遵循国家标准，但中西部地区在承接东部产业转移的具体操作过程中，为了吸引更多的产业，在实际产业环境规制强度上可能有所放松。因此，在我国区域之间是否存在着污染天堂效应，或者说中西部地区是否成为东部产业转移的"污染天堂"这一问题将在本文中研究。

随着西部大开发、东北振兴、中部崛起战略措施的实施以及东部沿海产业的更新换代，不少产业正在由东部向中西部地区转移，而通过产业转移，完成污染转移、能耗转移的可能性是始终存在的。而在已有的工业布局理论研究中，多以经济效益最大化为假设的基本目标，很少将布局对生态环境的影响效应纳入到整体优化目标的考察中来。而在生态文明的视角下，工业的优化布局除了要考虑到工业文明下强调的基于生产要素的比较优势原则、存在的聚集经济效应和缩小区域差距之外，还应该考虑生态环境保护的目标，并将其与经济、社会发展并重。因此，在工业优化布局的发展过程中，欠发达的中西部地区必须重视这一问题，尤其是对于广大西部生态脆弱区而言。尽管四大主体功能区的划分已经注意到这一问题，但是，在当前政府治理结构下，产业转移仍然以 GDP 为主导。如何在生态文明视角下对工业区域优化布局的战略目标、动力机制、实现路径进行分析并提出相关政策建议，还需要作进一步的研究。

1.3 研究思路、 技术路线及研究方法

1.3.1 研究思路

如何从生态文明的基本理念和时代要求出发，构建我国工业优化布局的研究框架，并在数据可得性的基础上，对我国各省区的生态环境承载力以及工业分布的生产效率进行分析，最终提出生态文明取向的工业区域布局的基本思路和相关建议是本书重点要解决的问题。

　　生态文明作为工业文明的替代力量逐步兴起，必将赋予中国工业布局新的时代内涵和价值标准，对新时期我国工业的优化布局提出了新的要求。因此，文章首先提出生态文明取向下工业区域布局的基本指导思想，重点强调工业的优化布局除了要考虑到工业文明下强调的基于生产要素的比较优势原则、存在的聚集经济效应和缩小区域差距之外，还应该考虑生态环境保护的目标，并将其与经济发展并重。本书的第二章将考虑从西部大开发以来区域工业污染转移的变化趋势，并结合工业布局的演变过程，分析工业布局与环境污染转移之间的关系。鉴于国外污染产业转移的演变规律以及"污染天堂"假说，本书在第三章将通过实证分析，判断分析国内区域间污染产业转移与各省区环境规制强度之间的关系，总结近年来我国工业污染型行业布局的演变规律及可能趋势。通过产业转移，完成污染转移、能耗转移的可能性始终存在，当前各省区根据自身经济发展需要实施的环境规制力度大小不同，因此，各省相同行业的实际污染排放标准门槛也相应不同。随着对环境保护的重视程度日益增强，当污染排放量成为各个地方产业选择的一个硬性指标之后，出于成本、技术等原因，一些污染型行业必然会选择一些环境规制较松的省份重新布局。因此，从另一个角度来看，环境规制的力度将成为新时期工业优化布局的一种调控手段。如何确定优化布局的选择标准成为本书第四章的重点。在生态文明基本理念的指导下，工业优化布局需考虑两方面的问题，一是区域生态环境的承载能力，二是产业在不同区域布局的全要素生产率增长率，即在生态环境保护的前提下实现经济效益的最大化。因此，第四章将通过具体的实证分析，对各省区的生态环境承载能力进行评价，分别从生态承载和环境承载来综合评定各省区的生态环境承载力。同时，对各省污染型行业的全要素生产率增长率的平均增长率进行测算，评价各省工业污染型行业布局的生产效率。最后，根据生态环境承载和生产效率这两个工业优化布局的选择标准，结合必要的选择手段对未来生态文明取向指导下的工业优化布局提出基本的思路和相关政策含义。

1.3.2 技术路线

本书以现实问题为导向，综合运用产业布局学、新经济地理学、环境经济学、计量经济学等相关学科的知识确定研究思路和分析框架，见图 1-1。

1.3.3 研究方法

本研究将立足于我国的区域发展总体战略以及可持续发展战略，从生态文明的视角结合生态、环境、效率三个方面对我国工业布局的合理性进行分析和论证。本书研究坚持规范分析和实证分析相结合，以实证分析为主体；定性研究和定量研究相结合，以定量分析为主体；静态分析和动态分析相结合，以动态分析为主体，力求论证和分析有理有据。本选题拟采用的方法包括：嵌套分类评定回归模型、生态足迹法、阀值法、工

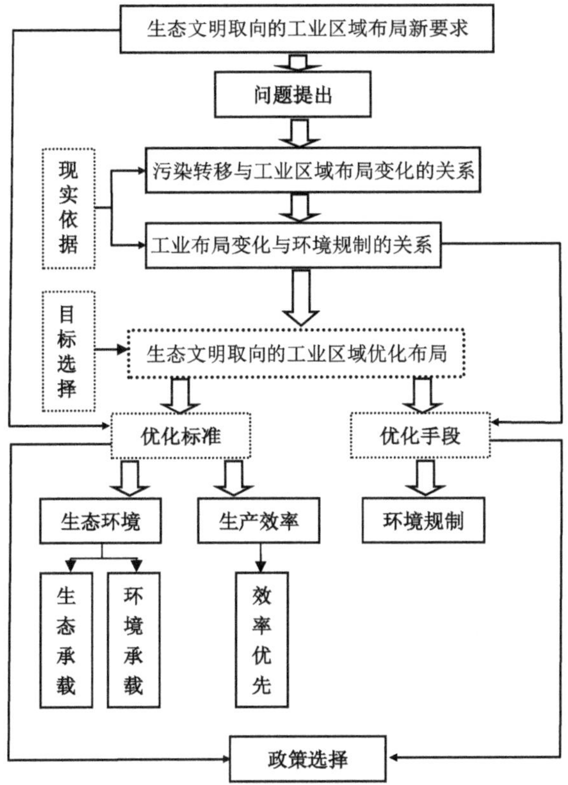

图 1-1　论文研究框架

具变量回归、固定效应回归、超越对数前沿生产函数模型等。

1.4　创新之处及待研究的问题

1.4.1　创新之处

〈1〉将生态文明与工业的空间布局问题相结合，对我国区域之间是否存在着"污染天堂"效应这一问题进行了系统的分析。

〈2〉综合考虑环境规制、环境承载、高效生产三个方面来综合评价生态文明指向下工业布局的科学性和合理性。

〈3〉将 17 个污染型行业在全国 31 个省（市、自治区）的转移和布局进行了全面系统的分析，得出了一些有针对性的政策建议。

1.4.2 待进一步研究的问题

〈1〉本书研究的区域主要以省级行政区为单位，但即使在同一省内，不同地区的生态环境以及经济发展状况也不尽相同。因此，在考虑工业优化布局这一问题上，还有待对研究的区域做进一步的细化。

〈2〉本书主要以二位数工业行业为研究对象，鉴于大类行业划分比较粗略，在以后的研究中，可以对大类行业做进一步细化，从而为工业优化布局提出更为科学有效的思路和建议。

第 **2** 章

污染转移与工业区域布局变化的关系

随着区域协调发展战略的实施，中部、西部以及东北地区已经具备承接东部沿海地区产业转移的条件。同时，东部地区面临着资源约束、劳动力成本上升以及产业结构加快调整升级的多重压力，也开始陆续向内陆地区转移传统技术与产业。转移的产业主要以工业为主，工业作为三次产业中污染排放量最多的产业，其转移过程可能也伴随有污染的转移；如果这种转移规模较大，就会对生态环境原本就相对脆弱的中、西部以及东北地区造成更为严重的破坏。因此，有必要了解近年来全国污染变化的区域转移情况。

2.1 全国污染排放转移变化情况

本书在研究中，将20世纪未我国相继提出的西部大开发、东北振兴、中部崛起和东部地区优先开发的战略共同构筑了中国区域发展的总体战略。因此，为了科学反映我国不同区域的社会经济发展状况，全国31个省、市、自治区划分为东部地区（北京、天津、河北、上海、江苏、浙江、福建、山东、广东、海南）、中部地区（山西、安徽、江西、湖北、河南、湖南）、西部地区（内蒙古、广西、重庆、四川、贵州、云南、西藏、陕西、甘肃、青海、宁夏和新疆）、东北地区（辽宁、吉林和黑龙江）四大地区。本章选取2001年与2008年的工业化学含氧量、氨氮、二氧化硫、工业烟尘、工业粉尘以及固体废弃物污染排放数据，应用公式 $\Delta P_j = \dfrac{p_{ijt+1}}{p_{jt+1}} - \dfrac{p_{ijt}}{p_{jt}}$ 分别计算出2001年和2008年之间全国各省份工业污染排放占全国比重的变化情况以及区域污染重点分布的变化（见表2-1）。其中 p_{ijt+1} 为 $t+1$ 年 i 省的 j 类工业污染排放量，p_{jt+1} 为 $t+1$ 年全国 j 类工业污染排放量。

表 2 -1　2001 年与 2008 年相比全国各省份工业污染份额比重变化表

	化学含氧量	氨氮	二氧化硫	工业烟尘	工业粉尘	固体废弃物
北　京	-0.00208	-0.01302	-0.0055	-0.00216	-0.00506	-0.00784
天　津	-0.00119	0.005371	-0.00267	-0.0012	-0.00161	-5.1E -05
河　北	-0.01559	-0.02973	-0.0147	-0.00579	0.004345	0.052993
山　西	0.005117	0.010045	-0.00687	-0.0164	0.015783	0.040513
内蒙古	0.007317	-3E -05	0.030956	0.035629	0.018155	0.034211
辽　宁	0.003327	-0.01334	0.009856	0.014333	-0.00253	-0.01646
吉　林	0.005604	-0.00333	0.003038	0.00971	-0.003	-0.00105
黑龙江	0.00347	0.023866	0.007582	0.008488	0.007843	0.000821
上　海	-0.00314	-0.00758	-0.00499	-0.00126	-0.00086	6.77E -05
江　苏	0.000667	0.015696	-0.01841	-0.00213	0.002239	-0.00024
浙　江	0.005996	-0.0515	-0.00101	0.002628	-0.00848	-5.9E -05
安　徽	0.004506	-0.0021	0.002062	0.00953	0.02411	-0.00056
福　建	-9.6E -06	0.002161	0.008159	0.000603	0.009746	-0.00051
江　西	0.004846	0.010017	0.008433	0.004938	0.025637	0.011644
山　东	-0.02647	-0.01487	-0.02008	-0.01313	-0.03415	-0.00032
河　南	-0.00072	0.006684	0.01378	0.003666	-0.03725	-0.00767
湖　北	-0.00895	-0.01908	-0.004	-0.00486	-0.00609	0.002473
湖　南	-0.00337	0.023119	-0.00514	0.001298	0.018196	-0.01798
广　东	0.008452	0.013757	-0.00707	0.020626	-0.0095	0.001747
广　西	0.027294	0.012932	-0.00039	-0.01229	0.003355	-0.03052
海　南	-1.2E -05	0.001304	-0.00023	0.000133	-1.1E -05	7.67E -06
重　庆	0.002864	0.002893	-0.00638	0.002126	1.62E -05	0.122012
四　川	-0.03812	-0.00755	-0.01392	-0.05725	-0.04116	-0.11063
贵　州	-0.00226	0.000175	-0.0008	-0.0113	-0.00852	-0.06764
云　南	-0.00476	0.003049	0.001507	-0.0002	0.00892	-0.06955
西　藏	-0.00026	3.41E -05	1.39E -06	3.77E -05	-3.4E -05	0.001544
陕　西	0.004524	0.017466	0.004458	-0.01028	-0.0002	0.002429
甘　肃	0.001728	-0.00864	-0.00029	-0.00125	-0.00102	-0.00143
青　海	0.007582	0.005445	0.004752	0.003111	0.007359	-0.00052
宁　夏	-0.00481	0.005524	0.004793	0.00239	-0.00566	0.004823
新　疆	0.018447	0.011237	0.013043	0.020251	0.019445	0.057743

数据来源：根据 2001 年和 2008 年《中国环境统计年鉴》有关数据计算。

从表 2 - 1 可以看出，东部地区的北京、山东两地所有污染排放占全国污染排放的比重都有所减少，天津、上海有五种污染排放比重减少，河北、浙江、海南有四种污染排放的比重减少，仅福建、广东污染排放比重减少不明显。从中部地区来看，湖北各污染排放比重有明显减少，河南、湖南有三种污染排放比重减少，其他三省大部分的污染排放比重都有所增加。西部地区除四川、贵州、甘肃污染排放比重有明显减少外，其余大部分省份的污染排放比重都有较大程度增加，特别是山西、重庆、陕西、青海、宁夏和新疆这六省污染排放比重增加幅度十分明显。东北地区的辽宁和吉林各有三种污染排放比重减少，而黑龙江所有污染排放占全国污染排放的比重都有所增加，且增加的幅度较大。

为了更清晰地分析全国四大区域板块环境污染转移的变化，本文计算出 2001 年和 2008 年之间东部、中部、西部和东北四大区域污染排放占全国污染排放比重的变化情况（见表 2 - 2）。通过分析发现东部地区除固体废弃物排放比重有所增加以外，化学含氧量、氨氮、二氧化硫、工业烟尘、工业粉尘排放占全国污染排放的比重都有较大幅度的减少。中部地区除工业烟尘排放比重有所减少外，其他污染排放比重都有所增加。西部地区除工业烟尘和固体废弃物排放比重减少外，其他污染排放比重都有所增加。东北地区除固体废弃物排放比重减少外，其他污染排放比重也都有所增加。

表 2-2 2001 年与 2008 年相比全国四大区域板块工业污染份额比重变化表

污染	化学含氧量	氨氮	二氧化硫	工业烟尘	工业粉尘	固体废弃物
东部	−0.03338	−0.07841	−0.0665	−0.00168	−0.04335	0.045799
中部	0.001426	0.028684	0.008271	−0.00183	0.040389	0.02842
西部	0.019553	0.042533	0.037748	−0.02903	0.000648	−0.05753
东北	0.012401	0.007193	0.020476	0.032532	0.002316	−0.01669

数据来源：根据 2001 年和 2008 年《中国环境统计年鉴》有关数据计算。

因此，可以看出，从 2001 年到 2008 年之间，污染开始由沿海向内陆地区转移，主要表现为从东部地区向中、西部以及东北地区转移。而就污染转移的程度来看，废水化学含氧量、氨氮以及大气中二氧化硫这三类主要污染排放向西部转移的程度明显高于中部和东北地区，而工业烟尘排放主要向东北地区转移，工业粉尘排放向中部转移的程度则高于西部和东北地区，固体废弃物的污染排放主要向东部和中部转移。

2.2 全国污染型行业的产业布局变化情况

从全国污染排放转移变化情况可以看出，除固体废弃物排放以外，其他污染排放都有从东部沿海向内陆转移的趋势，其中更多的污染排放向西部转移的程度明显高于中部和东北地区。分析这一现象产生的原因，我们初步猜想可能在 2001 年到 2008 年之间，污染型行业的区域布局由东部沿海向内陆地区发生了转移。以下将依据34类两位数的不同行业各污染物排放占全部行业污染排放的比重，确定污染型行业，并就2001年到2008年之间这些污染型行业的布局变化情况做进一步的分析。

2.2.1 污染型行业的确定

不少研究将单位产值的污染排放量作为判定污染型行业的基本指标，这一标准虽然能衡量一个产业的污染密集度，但本节主要想测算2001年到2008年之间污染型产业转移对环境污染转移所造成的实际影响，因此，本文将侧重于对行业具体污染排放量的测度，根据2001至2008年的行业污染排放数据的平均值，计算出不同行业各污染物排放占全部行业污染排放的比重，见表2-3（其中不考虑被列为其他行业）并依据各行业污染排放的比重排名，从高到低选取行业污染排放加总达到全部行业污染排放90%的行业作为污染型行业（见表2-4、表2-5、表2-6、表2-7、表2-8、表2-9）。

表2-3　全国工业各行业污染排放量占所有工业污染排放量的比重表

	化学含氧量	氨氮	二氧化硫	工业烟尘	工业粉尘	固体废弃物
煤炭开采和洗选业	0.01536	0.00607	0.00992	0.01694	0.01903	0.31826
石油和天然气开采业	0.00470	0.00543	0.00175	0.00188	0.00029	0.00141
黑色金属矿采选业	0.00265	0.00111	0.00286	0.00312	0.00513	0.12263
有色金属矿采选业	0.00912	0.00287	0.00516	0.00285	0.00261	0.13429
非金属矿采选业	0.00288	0.00156	0.00325	0.00545	0.00965	0.01971
农副食品加工业	0.13603	0.08548	0.00950	0.02415	0.00184	0.01241

续表

	化学含氧量	氨氮	二氧化硫	工业烟尘	工业粉尘	固体废弃物
食品制造业	0.03320	0.05035	0.00551	0.00672	0.00040	0.00258
饮料制造业	0.05339	0.01987	0.00728	0.01402	0.00032	0.00448
烟草制品业	0.00130	0.00037	0.00087	0.00097	0.00024	0.00195
纺织业	0.06601	0.03960	0.01596	0.01618	0.00059	0.00666
纺织服装、鞋、帽制造业	0.00305	0.00216	0.00075	0.00083	0.00028	0.00038
皮革毛皮羽毛（绒）及其制品	0.01546	0.02012	0.00100	0.00144	0.00001	0.00046
木材加工及木竹藤棕草制品	0.00495	0.00263	0.00231	0.00567	0.00198	0.00047
家具制造业	0.00078	0.00047	0.00018	0.00049	0.00051	0.00161
造纸及纸制品业	0.35977	0.09140	0.02458	0.03231	0.00237	0.01279
印刷业和记录媒介的复制	0.00056	0.00098	0.00018	0.00025	0.00001	0.00001
文教体育用品制造业	0.00025	0.00015	0.00017	0.00024	0.00026	0.00558
石油加工、炼焦及核燃料加工	0.01591	0.03882	0.03303	0.04459	0.02256	0.05033
化学原料及化学制品制造业	0.11115	0.49424	0.05751	0.06580	0.02080	0.04414
医药制造业	0.03296	0.02028	0.00425	0.00596	0.00017	0.00235
化学纤维制造业	0.02501	0.00985	0.00713	0.00581	0.00040	0.00142
橡胶制品业	0.00162	0.00164	0.00249	0.00236	0.00015	0.00019
塑料制品业	0.00134	0.00098	0.00094	0.00107	0.00031	0.00825
非金属矿物制品业	0.01159	0.00505	0.09985	0.16820	0.72523	0.05092
黑色金属冶炼及压延加工业	0.03302	0.04053	0.07102	0.07669	0.14609	0.10737
有色金属冶炼及压延加工业	0.00805	0.02121	0.03914	0.02486	0.02167	0.02408
金属制品业	0.00397	0.00195	0.00200	0.00326	0.00161	0.00437
通用设备制造业	0.00413	0.00243	0.00279	0.00457	0.00337	0.00533
专用设备制造业	0.00321	0.00733	0.00173	0.00267	0.00111	0.00329
交通运输设备制造业	0.00850	0.00983	0.00287	0.00535	0.00514	0.00303
电气机械及器材制造业	0.00240	0.00116	0.00114	0.00159	0.00029	0.00062
通信计算机及其他电子设备	0.00426	0.00355	0.00090	0.00095	0.00043	0.00055
仪器仪表及文化办公用机械	0.00168	0.00107	0.00048	0.00044	0.00003	0.00008
电力、热力的生产和供应业	0.02173	0.00945	0.58151	0.45231	0.00513	0.04798

数据来源：根据 2001 年和 2008 年《中国环境统计年鉴》有关数据计算。

表 2 −4　工业废水化学需氧量类污染型行业污染排放

化学需氧量污染排放比重	0.90365						
造纸及纸制品业	0.35977	0.496					
农副食品加工业	0.13603		0.607				
化学原料及化学制品制造业	0.11115			0.726			
纺织业	0.06601				0.793		
饮料制造业	0.05339					0.826	
食品制造业	0.03320						0.888
黑色金属冶炼及压延加工业	0.03302							0.904
医药制造业	0.03296						
化学纤维制造业	0.02501						
电力、热力的生产和供应业	0.02173						
石油加工炼焦及核燃料加工	0.01591						
皮革毛皮羽毛（绒）及其制品	0.01546						

数据来源：根据 2001 年和 2008 年《中国环境统计年鉴》有关数据计算。

表 2 −5　工业废水氨氮类污染型行业污染排放

氨氮污染排放比重	0.90203						
化学原料及化学制品制造业	0.49424	0.586					
造纸及纸制品业	0.09140		0.671				
农副食品加工业	0.08548			0.721			
食品制造业	0.05035				0.802		
黑色金属冶炼及压延加工业	0.04053					0.840	
纺织业	0.03960						0.882
石油加工炼焦及核燃料加工业	0.03882							0.902
有色金属冶炼及压延加工业	0.02121						
医药制造业	0.02028						
皮革毛皮羽毛（绒）及其制品业	0.02012						

数据来源：根据 2001 年和 2008 年《中国环境统计年鉴》有关数据计算。

表 2-6　工业二氧化硫类污染型行业污染排放

二氧化硫污染排放比重	0.90662					
电力、热力的生产和供应业	0.58151	0.681				
非金属矿物制品业	0.09985		0.752			
黑色金属冶炼及压延加工业	0.07102			0.810		
化学原料及化学制品制造业	0.05751				0.849	
有色金属冶炼及压延加工业	0.03914					0.882
石油加工炼焦及核燃料加工业	0.03303					
造纸及纸制品业	0.02458					

数据来源：根据 2001 年和 2008 年《中国环境统计年鉴》有关数据计算。

右侧 0.907

表 2-7　工业烟尘类污染型行业污染排放

工业烟尘污染排放比重	0.90586					
电力、热力的生产和供应业	0.45231	0.621				
非金属矿物制品业	0.16820		0.697			
黑色金属冶炼及压延加工业	0.07669			0.763		
化学原料及化学制品制造业	0.06580				0.808	
石油加工炼焦及核燃料加工业	0.04459					0.840
造纸及纸制品业	0.03231					
有色金属冶炼及压延加工业	0.02486					
农副食品加工业	0.02415					
煤炭开采和洗选业	0.01694					

右侧 0.889　0.906

数据来源：根据 2001 年和 2008 年《中国环境统计年鉴》有关数据计算。

表 2-8　工业粉尘类污染型行业污染排放

工业粉尘污染排放比重	0.91555		
非金属矿物制品业	0.72523	0.871321	
黑色金属冶炼及压延加工业	0.14609		0.893876
石油加工炼焦及核燃料加工业	0.02256		
有色金属冶炼及压延加工业	0.02167		

右侧 0.915551

数据来源：根据 2001 年和 2008 年《中国环境统计年鉴》有关数据计算。

表2-9　工业固体废弃物污染型行业污染排放

固体废弃物排放比重	0.90001							
煤炭开采和洗选业	0.31826	0.453						
有色金属矿采选业	0.13429		0.575					
黑色金属矿采选业	0.12263			0.683				
黑色金属冶炼及压延加工业	0.10737				0.733			
非金属矿物制品业	0.05092					0.784		
石油加工炼焦及核燃料加工业	0.05033						0.876	
电力、热力的生产和供应业	0.04798							0.900
化学原料及化学制品制造业	0.04414							
有色金属冶炼及压延加工业	0.02408							

数据来源：根据2001年和2008年《中国环境统计年鉴》有关数据计算。

通过表2-4、表2-5、表2-6、表2-7、表2-8、表2-9可以看出工业废水化学需氧量类污染型行业包括：造纸及纸制品业，农副食品加工业，化学原料及化学制品制造业，纺织业，饮料制造业，食品制造业，黑色金属冶炼及压延加工业，医药制造业，化学纤维制造业，电力、热力的生产和供应业，石油加工炼焦及核燃料加工，皮革毛皮羽毛（绒）及其制品12类工业行业。工业废水氨氮类污染型行业包括化学原料及化学制品制造业，造纸及纸制品业，农副食品加工业，食品制造业，黑色金属冶炼及压延加工业，纺织业，石油加工炼焦及核燃料加工业，有色金属冶炼及压延加工业，医药制造业，皮革毛皮羽毛（绒）及其制品业10类工业行业。工业二氧化硫类污染型行业包括电力、热力的生产和供应业，非金属矿物制品业，黑色金属冶炼及压延加工业，化学原料及化学制品制造业，有色金属冶炼及压延加工业，石油加工炼焦及核燃料加工业，造纸及纸制品业 7 类工业行业。工业烟尘类污染型行业包括电力、热力的生产和供应业，非金属矿物制品业，黑色金属冶炼及压延加工业，化学原料及化学制品制造业，石油加工炼焦及核燃料加工业，造纸及纸制品业，有色金属冶炼及压延加工业，农副食品加工业，煤炭开采和洗选业 9 类工业行业。工业粉尘类污染型行业包括非金属矿物制品业，黑色金属冶炼及压延加工业，石油加工炼焦及核燃料加工业，有色金属冶炼及压延加工业 4 类工业行业。工业固体废弃物污染型行业包括煤炭开采和洗选业，有色金属矿采选业，黑色金属矿采选业，黑色金属冶炼及压延加工业，非金属矿物制品业，石油加工炼焦及核燃料加工业，电力、热力的生产和供应业，化学原料及化学制品制造业，有色金属冶炼及压延加工业 9 类工业行业。

2.2.2 污染型行业区域布局转移情况

通过以上分析确定了不同类污染型工业行业，以下将以对 2001 年和 2008 年全国各省不同类的污染型行业占全国比重的变化情况进行计算（见表 2－10），并分析污染型行业区域布局转移的情况。

表2-10　不同污染类的污染型行业区域布局转移变化情况表

	化学含氧量	氨氮	二氧化硫	工业烟尘	工业粉尘	固体废弃物
北　京	-0.00771	-0.0131452	-0.010175	-0.00571	-0.01639	-0.00848
天　津	-0.00559	-0.0070244	-0.005707	-0.00543	-0.00337	-0.00655
河　北	0.013808	0.01405516	0.0146648	0.0125	0.030307	0.018945
山　西	0.006364	0.00603203	0.0046477	0.010132	0.007473	0.011297
内蒙古	0.007874	0.00935175	0.0091391	0.012129	0.007555	0.014833
辽　宁	-0.00373	-0.0056343	-0.01427	-0.00858	-0.01949	-0.01748
吉　林	-0.0011	-0.0016434	-0.004363	-0.00395	-0.00163	-0.00453
黑龙江	-0.00753	-0.0083177	-0.011294	-0.0065	-0.00935	-0.01266
上　海	-0.02494	-0.0297745	-0.028079	-0.02134	-0.03635	-0.02899
江　苏	-0.0029	-0.00384	0.0060288	0.00192	0.013943	0.004856
浙　江	-0.00201	-0.0096477	0.0050955	0.00425	0.003958	0.005711
安　徽	0.002337	0.00266899	0.004036	0.001867	-7.9E-05	0.002794
福　建	0.00118	0.0009965	-0.001887	-0.00278	-0.0023	-0.00076
江　西	0.003285	0.00915925	0.0091562	0.006157	0.013011	0.0084
山　东	0.03276	0.04268308	0.0336865	0.024183	0.031933	0.02788
河　南	0.00772	0.01389571	0.0119322	0.008828	0.018794	0.012045
湖　北	-0.00574	-0.0080545	-0.005134	-0.01147	-0.01523	-0.00755
湖　南	0.003813	0.00503712	0.000969	0.000916	-0.00393	0.000825
广　东	-0.02285	-0.0212054	-0.015047	-0.01606	-0.01668	-0.01957
广　西	0.00157	-0.0003176	0.0004333	-0.00218	-0.00043	-0.00054
海　南	0.000912	0.00121904	0.002301	0.00143	0.00332	0.001729
重　庆	-0.00035	0.00023468	-0.000386	-0.00104	-0.00219	-0.00096
四　川	0.003736	0.00505624	-0.000623	0.001012	-0.00427	0.002505
贵　州	0.000572	-0.0009911	-0.001266	-0.00047	-0.00347	0.000371
云　南	0.001345	0.00260868	0.002286	0.000191	0.003029	0.00257
西　藏	-9.2E-05	-6.089E-05	-0.000107	-0.00013	-0.00016	-0.00016
陕　西	-0.00087	-0.0003827	0.0008231	0.001434	0.003341	0.000692
甘　肃	-0.00164	-0.0016579	-0.004441	-0.00299	-0.00254	-0.00511
青　海	0.000407	0.00058432	-1.83E-06	-0.0003	-0.00157	5.87E-05
宁　夏	0.000539	4.2643E-05	-0.000355	0.000396	-0.00035	0.000213
新　疆	-0.00116	-0.001928	-0.002062	0.001595	0.00311	-0.00238

数据来源：根据2001年和2008年《中国工业经济统计年鉴》有关数据计算。

从表 2-10 可以看出，北京、天津、辽宁、吉林、黑龙江、上海、江苏、浙江、湖北、广东、重庆、西藏、陕西、甘肃、新疆的化学含氧量污染型行业占全国的比重下降，其中下降幅度较大的有上海、广东、北京、天津和黑龙江，主要集中在东部地区。化学含氧量污染型行业占全国的比重增加幅度较大的有山东、河北、内蒙古、河南、山西、安徽、湖南和江西，主要集中在中部地区。

对于氨氮类污染型行业来说，北京、天津、辽宁、吉林、黑龙江、上海、江苏、浙江、湖北、广东、广西、贵州、陕西、甘肃、新疆占全国的比重下降，其中下降幅度较大的有上海、北京、广东、浙江和黑龙江，也主要集中在东部地区。比重增加幅度较大的包括有山东、河北、河南、内蒙古、江西、山西和湖南，明显集中于中部地区。

从二氧化硫污染型行业的区域布局转移变化情况来看，北京、天津、辽宁、吉林、黑龙江、上海、福建、湖北、广东、重庆、四川、贵州、西藏、甘肃、青海、宁夏和新疆二氧化硫污染型行业占全国的比重都有下降，其中下降幅度较大的有上海、北京、广东、辽宁、黑龙江和天津，主要集中于东部和东北地区。比重增加幅度较大的包括有山东、河北、河南、内蒙古、江西、江苏、浙江和山西，主要集中在东部和中部的部分地区。

从工业烟尘污染型行业的区域布局转移变化情况来看，北京、天津、辽宁、吉林、黑龙江、上海、福建、湖北、广东、广西、重庆、贵州、西藏、甘肃和青海的工业烟尘污染型行业占全国的比重都有下降。其中下降幅度较大的有上海、北京、广东、天津、辽宁和湖北，主要集中于东部地区。比重增加幅度较大的包括有山东、河北、山西、内蒙古、河南和江西，主要还是集中在部分的东部和中部地区。

从工业粉尘污染型行业的区域布局转移变化情况来看，北京、天津、辽宁、吉林、黑龙江、上海、安徽、福建、湖北、湖南、广东、广西、重庆、四川、贵州、西藏、甘肃、青海和宁夏工业粉尘污染型行业占全国的比重都有下降。其中下降幅度较大的有上海、北京、辽宁和广东，主要集中在东部地区，比重增加幅度较大的包括有山东、河北、山西、江苏、内蒙古、河南和江西，主要还是集中在部分的东部和中部地区。

从固体废弃物污染型行业的区域布局转移变化情况来看，北京、天津、辽宁、吉林、黑龙江、上海、福建、湖北、广东、广西、重庆、西藏、甘肃和新疆固体废弃污染型行业占全国的比重都有下降。其中下降幅度较大的有上海、北京、广东、辽宁、黑龙江和天津，主要集中于东部和东北地区。比重增加幅度较大的包括有山东、河北、山西、内蒙古、河南和江西，主要还是集中在部分的东部和中部地区。

总体来看，北京、上海、广东、辽宁、黑龙江的各类污染型行业占全国的比重都有较大幅度的下降，而增加幅度较大的都主要集中于山东、河北、山西、内蒙古、河南和江西这些省份，对于西部大部分省份而言，虽然污染型行业的比重也都增加，但增加相对幅度较小。

为了更直观地分析全国四大区域板块之间环境污染转移的变化，本文计算出 2001 年和 2008 年之间东部、中部、西部和东北四大区域不同污染类的污染型行业区域布局转移变化情况（见表 2 - 11）。

表 2 - 11　2008 年与 2001 年相比全国四大区域不同污染类
污染型行业区域布局转移变化

	化学含氧量	氨氮	二氧化硫	工业烟尘	工业粉尘	固体废弃物
东部	-0.01734	-0.02568	0.000881	-0.00704	0.00837	-0.00523
中部	0.017774	0.028739	0.025607	0.016433	0.020041	0.027814
西部	0.011927	0.01254	0.003439	0.009647	0.002055	0.012088
东北	-0.01236	-0.0156	-0.02993	-0.01904	-0.03047	-0.03467

数据来源：根据 2001 年和 2008 年《中国工业经济统计年鉴》有关数据计算。

通过表 2 - 11 可以看出，从 2001 年到 2008 年间东部地区的化学含氧量污染型行业、氨氮类污染型行业、工业烟尘污染型行业和固体废弃物污染型行业整体占全国的比重都有下降，而二氧化硫污染型行业、工业粉尘污染型行业的比重上升。中部和西部地区各类污染型行业整体占全国的比重都有增加，但东部增加幅度较大，行业转移变化比较明显，西部则整体增加幅度相对较小。东北地区各类污染型行业整体占全国的比重都有所下降，其中二氧化硫污染型行业、工业粉尘污染型行业、工业烟尘污染型行业和固体废弃物污染型行业比重下降明显。因此，总体来看东部和东北地区的污染型行业的布局发生了明显的转移，主要转移到了中部和西部地区，其中中部承接了相对较大部分的污染行业转移。

2.3 污染转移与产业转移的关系

从 2.2.1 小节得出的结论来看从 2001 年到 2008 年之间，污染开始由沿海向内陆地区转移，主要表现为从东部地区向中、西部以及东北地区转移。但通过 2.2.2 小节的分析发现东北地区的污染型行业占全国的比重是明显下降的，这两个结论出现了矛盾。

而就污染转移的程度来看，废水化学含氧量、氨氮以及大气二氧化硫这三类主要污染排放向西部转移的程度明显高于中部和东北地区。但从 2.2.2 小节得出的结论来看化学含氧量污染型行业和氨氮类污染型行业却表现为由东部和东北地区向中西部地区转移，且向中部转移的幅度大于向西部转移的幅度。二氧化硫污染型行业则表现为由东北地区向东、中、西地区转移，但主要集中于中部地区。工业烟尘排放表现为主要向东北地区转移，工业粉尘排放向中部转移的程度则高于西部和东北地区，这也与 2.2.2 小节的结论相矛盾，工业烟尘污染型行业主要由东部和东北地区向中西部转移，而工业粉尘污染型行业主要由东北地区向东、中、西地区转移，且主要集中在东部地区。2.2.1 小节得出的结论是固体废弃物的污染排放主要向东部和中部转移。而固体废弃物污染型行业却表现为由东部和东北地区向中西部发生了转移。

两部分的结论相互矛盾说明之前污染转移是由污染型行业的布局发生变化所导致的这一设想存在问题，主要是因为在这一计算分析过程当中忽略了各区域污染排放技术对污染转移产生的影响。如果一个区域总体所使用的污染排放控制技术变好并高于其他区域，则即使其承接了较多的污染型行业，其污染排放量的比重也不一定就大幅度增加。同样，即使一个区域污染型行业未增加或者有的已转移，但其近几年总的污染排放控制技术变差或者低于全国平均技术水平，则其污染排放占全国的比重也可能增加或者高于其他排污控制技术高的区域。

因此，有必要对 2001 年到 2008 年之间全国各省的污染排放控制的技术进行测算，看是否是因为各省份工业污染的排放技术发生变化导致以上问题的出现。

2.4　全国污染排放技术变化

对 2001 年到 2008 年之间因技术原因导致污染排放占全国比重的变化情况进行测算，从而了解技术变化对污染排放的影响。通过将现实中的污染排放量与对应产业结构条件下应该排放的污染量进行比较，得出因技术原因导致的污染排放，具体见下列公式。

$$\Delta T = \frac{p_{it+1} - \sum_{i=1}^{31} \sum_{j=1}^{35} s_{ijt+1} p_{jt+1}}{P_{t+1}} - \frac{p_{it} - \sum_{i=1}^{31} \sum_{j=1}^{35} s_{ijt} p_{jt}}{P_t}$$

其中，p_{it+1} 为 $t+1$ 年 i 省的实际工业污染排放量，p_{jt+1} 为 $t+1$ 年全国 j 行业的污染排放量，s_{ijt+1} 为 $t+1$ 年 i 省的 j 行业占全国工业总产值的比重，P_{t+1} 为 $t+1$ 年全国工业总的污染排放量。$\sum_{i=1}^{31} \sum_{j=1}^{35} s_{ijt+1} p_{jt+1}$ 表示 $t+1$ 年 i 省在该省的产业结构条件下所应当排放的污染量，则 p_{it+1} 与 $\sum_{i=1}^{31} \sum_{j=1}^{35} s_{ijt+1} p_{jt+1}$ 的差值则体现出 $t+1$ 年 i 省因污染排放控制技术的原因所产生的污染排放量。当 $p_{it+1} - \sum_{i=1}^{31} \sum_{j=1}^{35} s_{ijt+1} p_{jt+1} > 0$ 说明 $t+1$ 年 i 省的污染排放控制技术低于全国平均水平，当 $p_{it+1} - \sum_{i=1}^{31} \sum_{j=1}^{35} s_{ijt+1} p_{jt+1} < 0$ 说明 $t+1$ 年 i 省的污染排放控制技术高于全国平均水平。ΔT 则为 $t+1$ 年与 t 年相比 i 省因技术原因所产生的工业污染排放在全国工业污染排放的比重变化情况，表现为 i 省分别相对于 $t+1$ 年与 t 年的全国平均技术水平而言，其污染排放控制技术的进步程度。当 $\Delta T > 0$ 时，即在 t 到 $t+1$ 年间 i 省整体因技术原因导致工业污染排放比重增加，表明 i 省分别相对于 $t+1$ 年与 t 年的全国平均技术水平而言，整体工业污染排放控制技术发生了退步。当 $\Delta T < 0$ 时，即在 t 到 $t+1$ 年间 i 省整体因技术原因所产生的工业污染排放比重增加，表明 i 省分别相对于 $t+1$ 年与 t 年的全国平均技术水平而言，整体工业污染排放控制技术进步。

通过计算得出 2008 年与 2001 年相比全国各省份整体工业污染排放控制技术的变化情况。（具体数据见表 2 - 12）

表 2－12　2008 年与 2001 年相比全国各省份工业污染排放控制技术的变化情况

	化学含氧量	氨氮	二氧化硫	工业烟尘	工业粉尘	固体废弃物
北　京	0.002675	−0.00346	−0.01639	−0.00804	0.00335	−0.00851
天　津	0.007349	0.024026	−0.00119	0.000227	−0.00133	0.003703
河　北	−0.00773	−0.02425	−0.01684	−0.00833	−0.00212	0.045894
山　西	0.003659	0.009409	−0.00761	−0.01686	0.012241	0.011361
内蒙古	0.001371	−0.00674	0.020606	0.026874	0.009014	0.002357
辽　宁	−0.00185	−0.00553	0.012227	0.013767	−0.01433	−0.01874
吉　林	0.004416	0.001298	0.004677	0.010294	−0.00441	−0.0013
黑龙江	0.009837	0.028585	0.013733	0.014591	0.010703	0.005385
上　海	0.011867	0.014773	0.001941	0.007041	0.018177	0.011669
江　苏	0.005384	0.02393	−0.01984	−0.00671	0.012928	0.001921
浙　江	0.005909	−0.05844	−0.01618	−0.0102	−0.00515	−0.00496
安　徽	0.002804	−0.00266	−0.00433	0.004949	0.021451	−0.00216
福　建	$4.47E-05$	−0.00281	0.008802	−0.00044	0.003677	−0.00544
江　西	0.000692	0.006243	0.003455	−0.00013	0.015361	0.007241
山　东	−0.05923	−0.05738	−0.03044	−0.03525	−0.07281	0.007778
河　南	−0.01599	−0.00367	0.010433	−0.0037	−0.06545	−0.01772
湖　北	−0.00129	−0.01255	−0.00549	−0.00472	0.002196	0.009008
湖　南	−0.00661	0.019733	−0.00678	−0.00108	0.015924	−0.0199
广　东	0.022016	0.027672	0.002844	0.030767	0.009707	−0.00272
广　西	0.028221	0.015179	−0.00262	−0.01394	0.004009	−0.02177
海　南	−0.00164	0.001	−0.00062	−0.00036	−0.00034	0
重　庆	0.002459	0.004218	−0.00662	0.001892	0.000877	0.121367
四　川	−0.04224	−0.01178	−0.01437	−0.05828	−0.04474	−0.12252
贵　州	−0.00199	0.001371	−0.00186	−0.01127	−0.00673	−0.07256
云　南	−0.00276	0.005162	0.001522	0.000303	0.009938	−0.06968
西　藏	−0.00023	$3.47E-05$	0.000207	0.000251	0.00026	0.002291
陕　西	0.005795	0.018637	0.005299	−0.00931	$8.24E-05$	−0.0001
甘　肃	0.003205	−0.00668	0.004584	0.003324	0.003368	0.002831
青　海	0.007157	0.004749	0.005485	0.003841	0.007569	−0.00109
宁　夏	−0.00443	0.00597	0.004431	0.002141	−0.00592	0.002859
新　疆	0.018709	0.011065	0.013099	0.020428	0.020577	0.056891

　　数据来源：根据 2001 年和 2008 年的《中国环境统计年鉴》和《中国工业统计年鉴》有关数据计算。

　　总体来看，污染排放控制技术相对提升幅度较大的省份主要有山东、河北、河南和四川。而从分类污染物排放控制技术的变化情况可以看2008年与2001年相比废水化学含氧量排放技术相对提升的有河北、辽宁、山东、河南、湖北、湖南、海南、四川、贵州、云南、西藏和宁夏，其中提升幅度较大的有山东、河南、四川、河北和湖南。废水氨氮排放技术相对提升的有北京、河北、内蒙古、辽宁、浙江、安徽、福建、山东、河南、湖北、四川、甘肃，其中提升幅度较大的有浙江、山东、河北、四川和湖北。二氧化硫排放技术相对提升的有北京、天津、河北、山西、江苏、浙江、安徽、山东、湖北、湖南、广西、海南、重庆、四川和贵州，其中提升幅度较大的有山东、江苏、河北、北京、浙江和四川。工业烟尘排放技术相对提升的有北京、河北、山西、江苏、浙江、福建、江西、山东、河南、湖北、湖南、广西、海南、四川、贵州和陕西，其中提升幅度较大的有山东、山西、河北、北京、广西、贵州和四川。工业粉尘排放技术相对提升的有天津、河北、辽宁、吉林、浙江、山东、河南、海南、四川、贵州和宁夏，其中提升幅度较大的有山东、河北、天津、河南和四川。固体废弃物排放技术相对提升的有北京、辽宁、吉林、浙江、安徽、福建、河南、湖南、广东、广西、四川、贵州、云南、陕西和青海，其中提升幅度较大的有四川、广西、贵州、云南、河南和湖南。

　　为了更直观地分析全国四大区域板块之间环境污染转移的

变化，本文计算出 2001 年和 2008 年之间东部、中部、西部和东北四大区域整体工业污染排放控制技术的变化情况（见表 2-13）。

表 2-13　2008 年与 2001 年相比全国四大区域整体工业污染
排放控制技术的变化情况

	化学含氧量	氨氮	二氧化硫	工业烟尘	工业粉尘	固体废弃物
东部	-0.01335	-0.05495	-0.08792	-0.03131	-0.03392	0.049327
中部	-0.01674	0.016507	-0.01033	-0.02155	0.001722	-0.01217
西部	0.015271	0.041174	0.029766	-0.03375	-0.00171	-0.09913
东北	0.012405	0.024353	0.030638	0.038652	-0.00804	-0.01465

数据来源：2001 年和 2008 年的《中国环境统计年鉴》和《中国工业经济统计年鉴》。

总体来看，东部地区整体的污染排放控制技术表现为明显的进步，中部地区技术水平也有较大程度提升，西部和东北地区的污染排放控制技术对全国平均技术变化水平而言相对下降，而东北地区的污染排放技术下降得更为明显。从分类污染物排放控制技术的变化情况可以看出东部和中部的废水化学含氧量排放控制技术得到了明显的提升，西部和东北地区则相对下降，且西部的下降幅度大于东北地区。从废水氨氮排放控制技术的变化情况来看，除东部地区技术提升外，中、西和东北地区都下降，其中西部技术相对整体水平而言下降的幅度最大，其次是东北地区。从二氧化硫排放控制技术的变化情况来看，东部和中部都有明显的提升，西部和东北地区技术都下降。从工业烟尘排放控制技术的变化情况来看，东、中、西部都有所上升，其中东部和西部上升幅度相对较大。东北地区的工业烟尘排放技术下降相对明显。对于工业粉尘的排放控制技术而言，除中部地区技术相对整体水平明显下降外，东部、西部和东北地区技术都有所进步，而东部地区进步最为明显。从固体废弃物排放控制技术来看，东部地区技术相对整体水平有所下降，中部、西部以及东北地区都表现为技术进步，且西部地区技术进步最为明显。

2.5 污染型行业转移以及污染排放技术变化对污染转移的影响

通过对工业污染排放控制技术变化情况的分析可以看出，全国各省份的污染排放控制技术的变化正好解释了之前污染转移变化与污染型行业转移变化结论之间的矛盾。

总体来看，从 2001 年到 2008 年之间，污染开始由沿海向内陆地区转移，主要表现为从东部地区向中、西部以及东北地区转移，且向西部地区转移最为明显。而污染型行业的转移情况却表现为东部和东北地区的污染型行业占全国的比重明显下降，污染型行业主要向中部和西部地区转移，且中部承接转移的程度较大。这主要因为从 2001 年到 2008 年之间，东部的污染排放控制技术相对整体水平有着明显进步，这一变化加上污染型行业的向外转移使得东部地区的工业污染占全国比重明显下降。而对于中部地区而言，虽然污染型行业增加的比重远远高于西部地区，但由于其污染排放控制技术有了明显的进步，使得总体的污染排放比重降低。而西部地区不仅承接了大量的污染型行业的转移，其整体污染排放控制技术相对全国平均技术的变化水平也变差了，这必然使得西部地区的工业污染排放的比重增大，从而表现为污染主要向西部转移。东北地区虽然污染型行业的比重下降，但其污染排放控制技术相对全国平均技术的变化水平也明显下降，这使得东北地区污染排放的比重仍然表现为上升，但上升的幅度还是明显小于西部地区。

在 2001 年到 2008 年之间，废水化学含氧量污染型行业表现为由东部和东北地区向中部和西部转移，虽然中部地区化学含氧量污染型行业增加的比重大于西部地区，但由于东部和中部分别相对于 2008 年与 2001 年的全国平均技术水平而言，整体工业污染排放控制技术进步，使得技术水平原因所产生的污染减少，而西部和东北地区分别相对于 2008 年与 2001 年的全国平均技术水平而言，整体工业污染排放控制技术发生了退步，导致技术原因所产生的污染增加，使得从整体来看，废水化学含氧量污染主要表现为由东部地区向中、西部以及东北地区转移，且向西部地区转移最为明显，东北地区次之。

从废水氨氮污染排放来看，在 2001 年到 2008 年之间，废水氨氮污染型行业表现为由东部和东北地区转向中部和西部，虽然中部地区化学含氧量污染型行业增加的比重大于西部地区。同时，由于东部地区分别相对于 2008 年与 2001 年的全国平均技术水平而言，整体工业污染排放控制技术进步，使得技术水平原因所产生的污染减少。虽然中部、西部和东北地区分别相对于 2008 年与 2001 年的全国平均技术水平而言，整体工业污染排放控制技术发生了退步，导致技术原因所产生的污染增加，但中部地区因技术进步相对较快，从而因技术原因导致氨氮污染比重相比西部和东北地区增加的幅度较小。使得从整体来看，废水氨氮污染主要表现为由东部地区向中、西部以及东北地区转移，且向西部转移最为明显，中部地区次之。

从大气二氧化硫污染排放来看，在 2001 年到 2008 年之间，二氧化硫污染型行业表现为由西部和东北地区向东部和中部转移，且转移主要集中向中部地区。但由于东部和中部地区分别相对于 2008 年与 2001 年的全国平均技术水平而言，整体工业污染排放控制技术进步，使得技术水平原因所产生的污染减少，而西部和东北地区分别相对于 2008 年与 2001 年的全国平均技术水平而言，整体工业污染排放控制技术发生了退步，导致技术原因所产生的污染增加，且增加的幅度较大。使得从整体来看，大气二氧化硫污染主要表现为由东部地区向中、西部以及东北地区转移，且向西部转移最为明显，东北地区次之。

从工业烟尘污染排放来看，在 2001 年到 2008 年之间，工业烟尘污染型行业表现为由中部和东北地区向东部和西部转移，且转移主要集中向东部地区。但由于东部、中部和西部地区分别相对于 2008 年与 2001 年的全国平均技术水平而言，整体工业污染排放控制技术进步，使得技术水平原因所产生的污染减少，而东北地区分别相对于 2008 年与 2001 年的全国平均技术水平而言，整体工业污染排放控制技术发生了退步，导致技术原因所产生的污染增加，且增加的幅度较大。使得从整体来看，工业烟尘污染主要表现为由东部、中部和西部向东北地区转移，且西部工业烟尘污染占全国比重减少较为明显。

从工业粉尘污染排放来看，在 2001 年到 2008 年之间，工业粉尘污染型行业表现为由西部和东北地区向东部和中部转移，且转移主要集中向东部地区。由于东部、西部和东北地区分别相对于 2008 年与 2001 年的全国平均技术水平而言，整体工业污染排放控制技术进步，使得技术水平原因所产生的污染减少（东部减少最为明显）；而中部地区分别相对于 2008 年与 2001 年的全国平均技术水平而言，整体工业污染排放控制技术发生了退步，导致技术原因所产生的污染增加。从整体来看，工业粉尘污染主要表现为由东部地区向中、西部以及东北地区转移，且向中部转移最为明显，而西部工业粉尘污染占全国比重增加幅度很小，东北地区居中。

从固体废弃物污染排放来看，在 2001 年到 2008 年之间，固体废弃物污染型行业表现为由东北地区向东部、中部和西部地区转移，且转移主要集中向中部和西部地区。同时，由于中部、西部和东北地区分别相对于 2008 年与 2001 年的全国平均技术水平而言，整体工业污染排放控制技术进步，使得技术水平原因所产生的污染减少；而东部地区分别相对于 2008 年与

2001 年的全国平均技术水平而言，整体工业污染排放控制技术发生了退步，导致技术原因所产生的污染增加。使得从整体来看，固体废弃物污染主要表现为由西部和东北地区向东部和中部转移，且向东部转移最为明显。

2.6 本章小结

通过本章分析可以发现，污染的转移不仅与污染型行业的转移密切相关，同时还受到所采用的污染排放控制技术的影响。即使污染型行业数量增多但通过促进这些行业污染排放控制技术的进步，同样可以减少污染的排放。在产业从东部沿海向内陆转移的过程中，一些污染型行业在成本效益的驱动下，可能会出现大量地向中部、西部以及东北地区转移的现象，而中部、西部以及东北的部分贫困地区也愿意通过承接产业转移来带动当地经济的发展。但我国中西部地区生态环境相对较为脆弱，一旦污染随着产业的转移也相应发生大规模的转移，必将会对这些地区的环境造成严重的破坏。因此，中西部生态环境相对较为脆弱的地区在承接沿海地区产业转移过程中，一方面要控制高耗能、高污染行业的过快增长，另一方面要重视对污染排放控制技术水平的提升。正确处理经济发展与环境保护之间的关系，在促进经济发展的同时尽量减少污染排放，最终实现经济、社会与环境三者之间的协调发展。

第３章

环境规制与中国
工业区域布局的"污染天堂"效应

　　世界各国对环境保护的重视程度日益增强，为进一步提升环境质量，大多数国家逐渐强化本国的环境规制力度，特别是针对工业污染排放采取了比以前更为严厉的规制，以减少污染排放，改善环境。然而，各国各地区的环境规制强度不一，这是否会对工业的布局产生影响，也就是说，工业是否会从环境规制强的国家或地区向环境规制弱的国家或地区转移？这一问题成为近年来区域经济学、环境经济学、国际贸易等研究的热点。

　　虽然中国环境规制统一遵循国家标准，但中西部地区在承接东部产业转移的具体操作过程中，为了吸引更多的产业，可能会在实际产业环境规制强度上有所放松。因此，在我国区域之间是否存在着污染天堂效应，或者说中西部地区是否成为东部产业转移的"污染天堂"，这一问题将在本章研究。

3.1 计量模型的设定和说明

产业布局理论大体可以分为两类，比较优势理论和新经济地理理论。比较优势理论源于赫克歇尔－俄林（Heckscher－Ohlin，H－O）模型，强调生产要素对产业布局的影响。新经济地理（NEG）则强调规模报酬递增，市场准入以及产业前向、后向关联对产业布局的影响。如何综合考虑 H－O 比较优势理论与新经济地理学对产业布局的共同影响一直是产业布局研究的一个热点。米德尔法特－克拉韦克等人（2000，2003）建立了区域特征和产业特征交互作用（Interaction）模型，这个模型将 H－O 比较优势理论与新经济地理学对产业布局的共同影响作用考虑了进来，并应用这一模型研究了美国和欧洲的产业分布决定因素。本书借鉴马特艾基金会（2009）的研究，在区域特征和产业特征交互作用模型中引入环境规制的省份特征和污染程度的行业特征，对中国区域间的污染天堂效应进行测度。

我们用各省份不同行业在全国所占的份额来测度工业布局，这里用 S_{ik} 表示 i 省工业中的 k 行业占全国 k 行业工业总产值的比重，即 $S_{ik} = Z_{ik} / \sum_i Z_{ik}$，其中 Z_{ik} 表示 i 省 k 行业的工业生产总值，i 表示全国所有省份。根据米德尔法特 – 克拉韦克等人（2000，2003），冼国明、文东伟（2006），马特艾基金会（2009），本书共选取了 6 个区域和产业作用的交互项，前 3 个交互项的选择基于赫克歇尔 – 俄林（H – O）贸易模型，第 4 和第 5 个交互项选择体现了新经济地理（NEG）所强调的规模经济和产业前向、后向关联。第 6 个交互项则正是本文主要考虑的环境变量。这 6 个交互项分别为：①农业丰裕度乘以农业投入要素密度；②自然资源丰裕度乘以自然资源中间消耗密度；③人力资本禀赋乘以人力资本投入密度；④市场潜力乘以国内最终需求偏向；⑤工业基础乘以工业中间投入密度；⑥环境规制放松程度乘以行业污染排放密集程度。我们得到如模型①所示的回归方程：

$$\ln(S_{ik} + 1) = c + \alpha\ln(Pop_i) + \sum_j \beta^j X_i^j Y_k^j + \sum_j \varphi^j X_i^j + \sum_j \gamma^j Y_k^j + \varepsilon_{ik} \qquad ①$$

其中，模型中最核心的是区域和产业作用的交互项，用 j 来指示，X_i^j 和 Y_k^j 分别表示区域特征和相对应的产业特征。Pop_i 表示 i 省的人口，用以控制规模因素，α、β^j、φ^j 和 γ^j 为回归系数。ε_{ik} 表示误差。我们主要关注交互项系数 β^j，并以本章重点研究的环境规制放松程度乘以行业污染排放密集程度这一交互项为例予以说明，当 β^j 大于零时，则表示污染密度高的行业倾向于选择环境规制放松程度较高的省区生产；反之，当 β^j 小于零时，污染密度高的行业则倾向于退出环境规制放松程度较高的省区（米德尔法特 – 克拉韦克等，2000）。

在上述解释变量中，环境规制力度是最关注的变量，很有必要考虑该指标的内生性问题，不过，马特艾基金会（2009）忽略了这一问题。这里，我们考虑到两个方面的内生性来源，一是环境规制力度与工业布局之间存在联立性，即污染行业占全国比重高的省份可能更倾向于放松规制；二是来自省略变量的影响，一些难以测度的省份特征可能和环境规制力度相关。针对上述两种可能性，一方面我们选择上一期的环境规制力度作为解释变量，引入工具变量法（两阶段最小二乘法）来解决环境规制力度与工业布局之间的联立性问题。另一方面，遵循桑吉内蒂和沃尔佩·马丁卡斯（Sanguinetti and Volpe Martin-cus，2004）而引入省份虚拟变量（δ_i）、产业虚拟变量（μ_k），如模型②所示，使用虚拟变量的最小二乘法（Least Square Dummy Variable，LSDV），即通过产业和省份固定效应更加可靠地控制了产业特征和地区特征，可以消除部分无法度量的不随区域而变的产业特征变量和不随产业而变的区域特征变量的影响，从而解决省略变量引发的内生性问题。

$$\ln(S_{ik} + 1) = c + \alpha\ln(Pop_i) + \sum_j \beta^j X_i^j Y_k^j + \delta_i + \mu_k + \varepsilon_{ik} \qquad ②$$

3.2 数据说明和变量选择

3.2.1 环境规制力度指标量度

我们将艾瑞克·莱文森（1999）的产业结构环境投入指数进行改进，建立关于产业结构条件下的污染排放指数的分析模型。首先，基于各省不同的产业结构，测算出按照全国平均水平各省单位生产总值应排放的污染量，用 $\hat{S}_{st}$ 表示：

$$\hat{S}_{st} = \frac{1}{Y_{st}} \sum_{i=1}^{35} \frac{Y_{ist}P_{it}}{Y_{it}}$$

其中 P_{it} 是第 t 年全国第 i 工业部门（共分为 35 个部门）的污染排放量，Y_{st} 是第 t 年 S 省份各工业部门的生产总值。Y_{ist} 是第 t 年 S 省份第 i 工业部门的生产总值。

其次，将现实中的单位产值污染排放量和按照全国平均水平的单位污染排放量进行比较，得出各省环境污染治理强度 $S_{st}^{\ *}$。

$$S_{st}^{\ *} = \frac{S_{st}}{\hat{S}_{st}} \qquad\qquad S_{st} = \frac{P_{st}}{Y_{si}}$$

P_{st} 是指第 t 年 S 省份的污染排放量，Y_{st} 是指第 t 年 S 省份各工业部门的生产总值，S_{st} 则表示第 t 年 S 省份单位工业生产总值所对应的污染排放量。

当 $S_{st}^{\ *}$ 大于 1 时，说明 S 省的实际污染排放量大于该省工业结构条件下所对应的污染排放量，因此从污染治理方面来看，该省的努力程度还有待加强。当 $S_{st}{}^*$ 小于 1 时，说明 S 省的实际污染排放量小于该省工业结构条件下所对应的污染排放量，因此可以看出该省在污染治理方面的努力程度已经达到平均要求。就全国而言，$S_{st}{}^*$ 越小则说明这一省份的污染治理得越努力，$S_{st}{}^*$ 越大则说明污染治理的力度越不好。

本章中环境污染排放量主要包括固体废弃物排放量、工业废水排放量、二氧化硫排放量、工业烟尘排放量、工业粉尘排放量这五个指标。选取了从 2004 年至 2007 年包括西藏在内的全国 31 个省直辖市的环境污染排放数据①进行分析。关于工业部门的分类，本章考虑到所有的工业，依次划分出 34 个污染排放指标较高的具体行业②，并将剩下的污染排放很少的少量指标归为其他。

最后，为了综合说明各省份环境污染治理的努力程度，本章对各省份固体废弃物排放量、工业废水排放量、二氧化硫排放量、工业烟尘排放量、工业粉尘排放量的 $S_{st}{}^*$ 进行主成分分析。计算出 2004—2007 年间中国各省不同产业结构条件下的

---

① 数据来源于《2004 年中国工业统计年鉴》《2005 年中国工业统计年鉴》《2006 年中国工业统计年鉴》《2007 年中国工业统计年鉴》。

② 煤炭开采和洗选业、石油和天然气开采业、黑色金属矿采选业、有色金属采选业、非金属采选业、农副食品加工业、食品加工制造业、饮料制造业、烟草加工业、纺织业、服装及其他纤维制品业、皮革毛皮羽绒及其他制品业、木材加工及竹藤棕草制品业、家具制造业、造纸及纸制品业、印刷业和记录媒介的复制业、文教体育用品制造业、石油加工及炼焦业、化学原料及化学制品制造业、医药制造业、化学纤维制造业、橡胶制品业、塑料制造业、非金属矿物制品业、黑色金属冶炼及压延加工业、有色金属冶炼及压延工业、金属制品业、通用机械工业、专用机械工业、交通运输设备制造业、电气机械及器材制造业、电子及通信设备制造业、仪器仪表及文化办公用机械制造业、电力热力工业。

综合环境污染规治强度系数，具体结果见表 3 - 1。

表 3 - 1　2004—2007 年全国各省份环境规治强度排名

	2004 年		2005 年		2006 年		2007 年	
	排名	强度系数	排名	强度系数	排名	强度系数	排名	强度系数
北　京	1	-0.916	1	-0.911	1	-0.918	1	-0.937
天　津	3	-0.845	4	-0.804	3	-0.814	3	-0.818
河　北	12	-0.233	12	-0.280	12	-0.317	12	-0.291
山　西	27	0.851	25	0.748	29	0.958	25	0.768
内蒙古	30	1.097	29	1.000	24	0.578	23	0.447
辽　宁	11	-0.283	14	-0.199	15	-0.128	13	-0.148
吉　林	16	-0.183	16	-0.030	17	-0.029	17	-0.006
黑龙江	17	-0.126	17	0.013	21	0.177	22	0.356
上　海	2	-0.911	2	-0.892	2	-0.877	2	-0.871
江　苏	6	-0.753	8	-0.742	6	-0.756	5	-0.777
浙　江	4	-0.797	3	-0.822	5	-0.766	8	-0.747
安　徽	15	-0.185	15	-0.157	14	-0.179	14	-0.147
福　建	9	-0.711	9	-0.629	9	-0.628	9	-0.648
江　西	20	0.343	21	0.273	19	0.104	19	0.093
山　东	8	-0.728	7	-0.746	7	-0.749	4	-0.778
河　南	10	-0.336	10	-0.328	11	-0.396	10	-0.534
湖　北	14	-0.192	11	-0.291	13	-0.276	11	-0.336
湖　南	19	0.253	18	0.074	18	0.097	21	0.153
广　东	7	-0.731	5	-0.777	4	-0.777	7	-0.750
广　西	31	1.554	31	1.318	27	0.950	27	0.853
海　南	5	-0.771	6	-0.751	8	-0.715	6	-0.776
重　庆	22	0.391	22	0.320	23	0.420	24	0.504
四　川	21	0.364	19	0.138	20	0.118	16	-0.046
贵　州	28	0.952	26	0.815	28	0.954	30	1.200
云　南	18	0.081	20	0.023	16	-0.071	18	0.087
西　藏	13	-0.224	13	-0.271	10	-0.524	14	-0.147
陕　西	26	0.655	24	0.677	25	0.668	26	0.815
甘　肃	23	0.405	23	0.376	22	0.414	20	0.098
青　海	24	0.445	27	0.834	26	0.880	28	0.981
宁　夏	25	0.557	30	1.126	30	1.268	31	1.204
新　疆	29	0.979	28	0.895	31	1.335	29	1.110

3.2.2 刻画省区特征变量

本章用 2008 年各省份农业增加值占全国 GDP 的比重来表示农业丰裕度，用 2008 年各省份采掘业产值占全国 GDP 的比重来表示自然资源丰裕度，用 2008 年各省份学龄以上人口中高中文化程度占全国人口的比重来表示人力资本禀赋，用 2008 年各省份工业产品销售收入占全国工业总产值的比重来表示市场潜力，用 2008 年各省工业增加值占全国 GDP 的比重来表示工业基础，本章选取 2007 年各省份的环境规制的大小来表示环境规制放松程度，即用上一期的规制力度来解决模型的内生性问题。省区特征变量的数据来源及变量描述见表 3－2。

表 3－2　省区特征变量的数据统计

省区特征变量	观察值数量	均值	标准偏差	最小值	最大值
农业丰裕度	1054	0.0033267	0.002468	0.0001849	0.0091762
自然资源丰裕度	1054	0.0020857	0.0021054	0.0000273	0.0082467
人力资本禀赋	1054	0.003289	0.0038946	0.0001027	0.008745
市场潜力	1054	0.0317859	0.035262	0.0000891	0.1310121
工业基础	1054	0.4205433	0.1010398	0.0749665	0.5649161
环境规制放松程度	1054	$2.39e-07$	0.669662	-0.9364966	1.204258

数据来源：根据 2009 年的《中国统计年鉴》《中国工业经济统计年鉴》及 2002 年至 2009 年的《中国环境统计年鉴》数据计算。

3.2.3　刻画产业特征变量

农业投入要素密度用 2007 年投入产出表中的农业中间消耗表示。自然资源中间消耗密度用 2007 年投入产出表中的采掘业中间消耗来表示。人力资本投入密度用行业的相对工资水平来表示，即以所有工业的平均工资为基准做比较得到各行业的相对工资水平。产业的最终需求偏向用 2007 年国内最终需求除以产业总销售来表示。工业中间投入密度用 2007 年投入产出表中各行业的中间投入占工业总中间投入的比重来表示。行业污染排放密集程度用 2008 年各行业的污染排放占总污染排放的平均比重来表示。产业特征变量的数据来源及变量描述见表 3 -3。

表 3 -3　产业特征变量的数据统计

产业特征变量	观察值数量	均值	标准偏差	最小值	最大值
农业投入要素密度	1054	0. 0294118	0. 1012195	0	0. 5782562
自然资源中间消耗密度	1054	0. 0294118	0. 0693933	0. 0001236	0. 3543576
人力资本投入密度	1054	1. 01082	0. 3686058	0. 6059436	2. 41565
产业的最终需求偏向	1054	0. 1657261	0. 1984564	0	0. 7208045
工业中间投入密度	1054	0. 0294118	0. 0247063	0. 0037702	0. 0886412
行业污染排放密集程度	1054	0. 2331132	0. 3179203	0. 0015574	1. 138299

数据来源：根据《2008 年全国投入产出表》《2009 年中国统计年鉴》《2009 年工业经济统计年鉴》、2002 年至 2009 年《中国环境统计年鉴》数据计算。

3.3 实证结果及分析

3.3.1 实证结果

根据本章模型①最小二乘回归及工具变量回归（见表3-4），又由于产业布局并不由省份特征和产业特征单独决定，同时受篇幅所限，本章仅报告主要关注的交互项系数回归结果。从选择上一期环境规制力度的 OLS 回归结果来看，环境规制放松程度乘以行业污染排放密集程度的回归估计系数符号为正，且回归结果十分显著，表现为高污染排放密度的行业倾向于向环境规制放松程度的省份布局。农业丰裕度乘以农业投入要素密度的回归估计系数符号为正，表现为农业产品投入要素密度高的行业倾向于在农业产出高的省份布局，但结果并不显著。自然资源丰裕度乘以自然资源中间消耗密度的回归估计系数符号为正，表现为自然资源投入要素密度高的行业倾向于在自然资源丰富的省份布局，同时，回归结果显著。人力资本禀赋乘以人力资本投入密度的回归估计系数符号为负，且结果显著，与人力资本投入密度高的行业倾向于在人力资本多的省份布局这一预测不一致。这主要是由于国内区域之间人口流动相对比较频繁，人力资本倾向于向工资高的地区流动，中国大量流动人力的供给在一定程度上抑制了高工资地区人力成本的上升，当高工资地区的人力成本尚控制在可盈利的条件下，将不会对产业的重新布局产生明显影响。市场潜力乘以国内最终需求偏向的回归估计系数符号为正，表现为国内最终需求度高的行业倾向于集中在市场潜力大的地区，但结果并不显著。工业基础乘以工业中间投入密度的回归估计系数符号为正，表现为工业中间投入密度高的行业倾向于集中在工业基础好的地区，且结果通过检验。

表 3 -4　中国工业空间布局决定因素的 OLS 估计和工具变量回归

省份规模差异变量	OLS 估计	工具变量
交互项	β^j	β^j
农业丰裕度乘以农业投入要素密度	2.681101	2.937833 *
自然资源丰裕度乘以自然资源中间消耗密度	6.499419 * *	5.965523 *
人力资本禀赋乘以人力资本投入密度	−1.250159 * * *	−1.028918 * * *
市场潜力乘以国内最终需求偏向	0.0472683	0.06265
工业基础乘以工业中间投入密度	0.238237 *	0.3107627 *
环境规制放松程度乘以行业污染排放密集程度	0.0076357 * * *	0.0167313 * * *
调整后的 R^2	0.6786	0.5441
F 统计量	118.11	1251.41
样本个数	1054	1054

注："＊＊＊""＊＊""＊"分别表示在 1%、5%、10% 的水平下显著。

另外，使用环境规制放松程度工具变量得出的回归结果也基本一致，这在一定程度上解决了联立性产生的内生性问题。

除了对模型①进行估计外，还考虑了固定效应的影响（见模型②）。产业固定效应控制了随省份变化的产业异质因素的影响，而地区固定效应则控制了不随产业变化的省份异质因素的影响。应用地区和产业固定效应模型解决了部分因省略变量（Omitted Variables）引起的内生性问题，估计结果见表3-5。

表3-5　中国工业空间布局决定因素的地区和产业固定效应

解释变量	地区固定效应	产业固定效应	产业地区固定效应
农业丰裕度乘以农业投入要素密度	2.28568 *	2.22988	2.30836 *
自然资源丰裕度乘以自然资源中间消耗密度	7.57779 * * *	7.37682 * *	6.97891 * *
人力资本禀赋乘以人力资本投入密度	−1.67737 * * *	−1.55513 * * *	−1.43598 * * *
市场潜力乘以国内最终需求偏向	0.03278	0.02978	0.029288
工业基础乘以工业中间投入密度	−.045287	0.08596	0.246683 *
环境规制放松程度乘以污染排放密集程度	0.00774 * * *	0.00776 * * *	0.00819 * * *
调整后的 R^2	0.5357	0.6724	0.6707
F 统计量	29.92	49.06	31.88
样本个数	1054	1054	1054

注："＊＊＊""＊＊""＊"分别表示在1%、5%、10%的水平下显著。

从环境规制放松程度乘以污染排放密集程度的地区固定效应、产业固定效应和产业地区固定效应来看，估计系数也都为正，且回归结果都高度显著，很好地证实了环境规制力度对高污染排放密度行业布局的作用影响，高污染排放密度行业将倾向于向环境规制放松程度高的省份转移。从其他交互项的固定效应分析来看，基本与最小二乘回归的结果一致，考虑到其并不是本章讨论的重点，限于篇幅，并未一一展开分析。

3.3.2　进一步分析

为了进一步对以上的实证分析结果进行检验，我们选取面板数据模型来考察环境规制对污染排放密集型行业布局的影响，上面是基于分产业的分析，现在则考虑将所有污染产业加总来看。根据 2005—2008 年的行业污染排放数据的平均值，计算出不同行业各污染物排放占全部行业污染排放的比重，并依据各行业污染排放的比重排名，从高到低选取行业污染排放加总达到全部行业污染排放 90% 的行业作为污染排放密集型行业，包括热力电力、化学原料及制品、煤炭开采、造纸及制品制造、黑色金属冶炼、有色金属采矿、黑色金属采矿、食品加工、石油炼焦、食品制造、饮料制造、有色金属冶炼、医药制造、纺织工业。

鉴于采用的面板数据时间跨度短但截面主体较多，我们认为主体间差异主要表现在横截面之间，即体现在截距项上，而斜率系数为常数，具体形式如下：

$$S_{it} - S_{it-1} = \alpha + u_i + \lambda E_{it} + \varphi X_{it} + \eta_{it} \qquad ③$$

其中，$S_{it} - S_{it-1}$ 为 2005 年到 2007 年间和 2006 年到 2008 年间各省污染排放密集型行业占全国所有行业的比重变化，E_{it} 为环境规制放松程度，X_{it} 为地区固定效应显著的农业丰裕度、自然资源丰裕度和人力资本禀赋省份特征变量，截距项中的 u_i 度量了个体间的差异，如果 $\alpha + u_i$ 为确定数，则称模型③为固定影响模型；若 u_i 随机扰动，则称模型③为随机影响模型；

若 u_i 不随个体而改变，则称模型③为混合回归模型，可以直接利用 OLS 回归估计。因此，在确定回归模型为哪种形式时，我们首先利用 BP man test 来确定 FE 和 RE 哪个更合适（郭庆旺、贾俊雪，2005）。经过检验，我们选择 RE 做回归分析。同时，考虑到环境规制的内生性问题，应用工具变量法对该回归模型进行了估计，具体结果见表3－6。

表3－6　各省污染排放密集型行业占全国所有行业的
比重变化的 GLS 回归和工具变量回归

	GLS 回归		工具变量回归	
	系数	标准差	系数	标准差
农业丰裕度	0.48019＊＊＊	0.15776	0.39973＊	0.21254
自然资源丰裕度	0.15997	0.09827	0.03616	0.11843
人力资本禀赋	－0.56177＊＊	0.261336	0.01681	0.46393
环境规制放松程度	0.00073＊	0.00043	0.00342＊＊＊	0.00130
调整后的 R^2	0.4202		0.2503	
样本个数	62		62	

注："＊＊＊""＊＊""＊"分别表示在1％、5％、10％的水平下显著。

从回归结果可以发现各省污染排放密集型行业在全国的比重变化与各省平均环境规制放松程度呈明显的正相关，即环境规制放松程度高的省份污染排放密集型行业比重增加，环境规制放松程度低的省份污染排放密集型行业比重下降，污染排放密集型行业明显地从环境规制强度大的省份向环境规制强度弱的省份转移。

同时还发现，污染型行业的布局变化还受到其他因素的影响，如各省份的农业丰裕度、人力资本禀赋等。因此，只能说在污染型行业的布局变化中存在污染天堂效应，环境规制强度对污染型行业的布局选择有一定的影响，使污染型行业倾向从环境规制强度大的省份转移到环境规制强度小的省份。但由于各省的自然条件短时间内无法改变，因此，在这种情况下，各省环境规制力度的大小将成为污染型行业布局调整中的重要考虑因素，在很大程度上影响这些行业的布局决策，使得一些环境规制力度小的省份成为污染型行业规避高环境治理成本的污染天堂。

3.4　本章小结

目前，沿海发达省份在环境污染规制方面取得了显著的成绩，这与其经济发展水平、产业结构以及对环境改善的需求密切相关；而中西部大多数省市仍处于经济发展水平的初期和中期，严峻的现实使得经济增长发展愿望异常强烈。因此，在一定时期内经济发展与环境保护相比，中西部地区对前者的需求显得更为迫切，从而导致其环境规制力度及环境规制的主动性相对较弱。在这种情况下，东部一些污染型行业为规避环境治理成本，会倾向于向环境规制力度弱的中西部地区转移，使得中西部地区成为东部污染密集型产业规避高环境规制的"污染天堂"，从而导致对中西部地区生态环境的破坏。因此，环境规制力度较弱的中西部地区，更应重视经济发展与生态环境建设的有机结合，在经济发展的基础上，有选择性地承接东部产业转移，结合自身特色与优势大力发展生态经济，促进传统产业升级，同时加强对污染排放的监管力度，控制高耗能、高污染行业的过快增长。另外，从中央层面来看，中央政府应进一步建立健全环境规制力度的监测考评机制，加强对各省份环境规制执行力度的监管，避免各省份环境规制强度的过度分化，从而促使污染型行业通过自身的设备升级和技术进步实现污染排放减少，而不是简单地通过产业转移来规避高环境规制成本。同时，中央政府应加大对中西部地区的环境治理投入和转移支付力度，进一步缩小区域差距，实现生态文明的区域协调发展战略目标。

第 4 章

工业区域布局的生态承载研究

发达地区通过向欠发达地区转移污染型行业，导致污染由发达地区向欠发达地区转移。同样，在资源的开发利用过程中，生态破坏在区域之间也存在着明显的间接转移。一个地区使用了大量的生态资源，但其绝大部分资源都可能是靠输入，在这种情况下，输入资源地区的生态系统受到了很好的保护，而输出资源地区的生态系统却承受了巨大的生态压力。本章将通过实证研究，应用改进生态足迹模型分析比较 2008 年中国 31 个省市区生态承载力，并讨论区域间生态破坏转移问题，为实现以生态文明为核心价值取向的区域协调发展战略目标提供决策参考。

4.1 生态承载力研究方法

4.1.1 生产性生态足迹理论

生态足迹理论是由加拿大生态经济学家威廉（William）和他的学生瓦克纳格尔（Wackernagel）于 20 世纪 90 年代初提出的用于度量可持续发展程度的一种新方法。其作用在于通过将人类消耗的各种资源和能源项目折算为耕地、林地、水域、草地、化石能源用地和建筑用地六大类生态生产性土地面积后，再与现有的生态土地容量进行比较来评价研究对象的可持续发展状况。

这一方法在近年来得到进一步的发展，在生态承载力研究方面的应用也越来越广泛。范伏伦（Vuuren）在 2000 年应用生态足迹的时间序列分析，对贝宁、不丹、哥斯达黎加和荷兰的生态承载力进行了比较研究。2001 年赫尔穆特（Helmut）应用生态足迹从三个不同的消费领域测算了 1926—1995 年奥地利的生态环境变化情况。2004 年 WWF（世界自然基金会）应用生态足迹测算并发布了世界 149 个国家的生态盈余（赤字）情况。2006 年维德曼（Wiedmann）应用生态足迹实证方法分析了英国资源、能源消耗对环境变化的影响。

当研究对象是整个生态系统时，作为一个自给自足的封闭系统，人类消费的生物产量与人类从生态系统中取得的生物产量是完全相等的，因此可以直接用人类的消费量作为生态足迹来反映人类对整个生态系统的影响。但当选取的研究对象是某个地区时，就不仅要考虑本地区的消费量，还要考虑到该地区资源的输入输出情况。即使一个地区的资源消费量较大，但这些资源几乎大部分都是源于其他区域的输入，则该地区的实际生态消费对本地生态的影响不大。而一些地区虽然消费量小，但向外输出量大，则这些地区的实际生态消费对本地生态的影响可能很大。虽然，近年来许多学者将生态足迹方法应用于研究中国生态承载力和可持续发展，取得了一系列的成果，但由于中国各省份贸易数据的缺失，无法准确地测算出各省份资源的输入输出量，因此，应用由消费量所定义的生态足迹方法测算的区域生态承载力难以真实地反映中国各省份的实际生态需求。为了解决这一问题，熊德国与鲜学福（2003）提出了用生产性生态足迹来测算区域可持续发展的方法，并认为这种研究方法更为科学。

生产性生态足迹是指一个区域每年从生态系统中实际取得的生物产量所需要的生态生产性土地面积。运用生产性生态足迹与现有的生态土地容量进行比较，将更能客观地反映区域生态环境的可持续性。与消费性生态足迹的计算方法相比，生产性生态足迹模型将区域人口生态消费量换成区域的生产量，而不必考虑区域之间资源的输入输出量，从而克服了因区域资源输入输出量数据不全所导致的用当地消费量计算产生较大误差的弊端。

目前国内应用生产性生态足迹方法考察区域生态承载力的研究不多，且多集中于理论和局部区域的实证分析研究，并没有从全国的角度对各省级行政区的生态承载力进行比较分析。本章运用改进了的生产性生态足迹方法进行实证研究，分析比较 2008 年中国 31 个省市区生态承载力，并讨论区域间生态破坏转移问题。

4.1.2 生产性生态足迹模型

生产性生态足迹理论从世界平均生产水平的角度计算所研究区域的生态足迹的大小，并从供给的角度计算该区域实际生态承载量的大小，然后对二者进行比较，以评价研究对象的可持续发展能力。

（1）生产性生态足迹

生产性生态足迹的计算公式：

$$EF = N \times ef \qquad ①$$

$$ef = \sum_{j=1}^{6} \sum_{i=1}^{n} (r_j a_i) = \sum_{j=1}^{6} \sum_{i=1}^{n} \left(r_j \times \frac{c_i}{p_i} \right) \qquad j = (1,2,3\cdots6)$$

$$②$$

式①中，EF 为区域总的生态足迹，ef 为区域人均生态足迹，N 为区域人口数量。式②中 i 为消费资源的类别，a_i 为根据世界第 i 种消费资源平均产量折算的人均占有的生态生产性土地，c_i 为第 i 种消费资源人均生产量，p_i 为生态生产性土地

生产第 i 种消费资源的世界平均产量，r_j 为第 j 种生态生产性土地的均衡因子，共有 6 种生态生产性土地。

由于各类生态生产性土地的生产力之间存在差异，因此需要将各类生态生产性土地乘以一个均衡因子 r_j，使其转化为统一的、可比较的生态生产性土地面积。

（2）实际生态承载量

实际生态承载量的计算公式：

$$EC = N \times ec \tag{③}$$

$$ec = \sum_{j=1}^{6} (A_j r_j y_j) \tag{④}$$

式③中 EC 为区域总的实际生态承载量，ec 为区域实际人均生态承载量，N 为区域人口数量。式④中 j 为生态生产性土地的类别，A_j 为第 j 种生态生产性土地的人均面积，r_j 为第 j 种生态生产性土地的均衡因子，y_j 为第 j 种生态生产性土地的产量因子。

由于不同国家和地区的资源禀赋不同，即使是同类生态生产性土地，其生态生产力差异也很大，因此在计算生态承载量时，除了进行均衡化处理外，还需乘以产量因子，使之转化为可比较的实际平均生态空间面积。

（3）生态盈余或生态赤字

生态盈余或生态赤字的计算公式：

$$ER（ED）= EC - EF \tag{⑤}$$

式⑤中 ER 为区域生态盈余，ED 为区域生态赤字。

4.2 指标选取与数据来源

　　根据生态足迹模型，生产性生态足迹主要包括生物资源账户部分和能源资源账户部分。其中生物资源账户包括耕地生态足迹指标（谷物、豆类、薯类、棉花、油料、麻类、甘薯、甜菜、烟草、蚕茧、茶叶、禽蛋、猪肉）、林地生态足迹指标（木材、油桐籽、油茶籽、核桃、水果）、水域生态足迹指标（水产品）、草地生态足迹指标（牛肉、羊肉、奶类、羊毛、蜂蜜）。能源资源账户包括化学燃料地生态足迹指标（原煤、原油、天然气）和建筑用地生态足迹指标（电力）。这些指标的选取均参照了WWF（世界自然基金会）的分类标准。本章中的产量数据以及各省份实际土地承载数据分别来源于2009年《中国统计年鉴》和2009年各省的统计年鉴，各类生态生产性土地的均衡因子和产量因子来源于瓦克纳格尔等（1999）对中国生态足迹计算时的取值。其中，由于化学燃料地是不可再生资源，因此，其产量因子为0。同时，根据世界环境与发展委员会（WCED）的建议，至少应该保留12%的生态容量以保护生物多样性，本章在计算实际生态承载时扣除了12%生物多样性保护面积。

4.3　生态承载力的实证分析结果

应用生产性生态足迹方法分别测算出 2008 年全国各省份生产性生态足迹（见表 4 - 1 以及附录）、2008 年全国各省份实际生态承载（见表 4 - 2）、2008 年全国各省份生态盈余（生态赤字）（见表 4 - 3），并对全国各省份的生态承载能力进行分析。

表 4 - 1　2008 年全国各省份生产性生态足迹

均衡面积	耕地	林地	水域	草地	化学燃料地	建筑用地	加总
北　京	0.63835	0.00946	0.02181	0.07436	0.07308	0.01349	0.83055
天　津	1.02254	0.00561	0.16650	0.12706	1.83737	0.01454	3.17362
河　北	2.22223	0.02100	0.04116	0.27341	0.36218	0.00994	2.92992
山　西	0.95170	0.01515	0.00621	0.06985	4.90106	0.01278	5.95673
内蒙古	2.10246	0.08444	0.02806	1.33173	4.42283	0.01676	7.98628
辽　宁	2.71338	0.03515	0.09833	0.19410	0.62027	0.01085	3.67208
吉　林	2.77660	0.09217	0.03910	0.28632	0.53218	0.00602	3.73239
黑龙江	2.36115	0.08525	0.06414	0.32892	1.67733	0.00581	4.52260
上　海	0.43667	0.00360	0.05339	0.01693	0.03434	0.01998	0.56491
江　苏	1.58711	0.01354	0.26927	0.02910	0.09267	0.01347	2.00516
浙　江	1.18217	0.04955	0.10936	0.03089	0.00055	0.01504	1.38757
安　徽	2.05880	0.04828	0.19367	0.08096	0.40564	0.00464	2.79200
福　建	1.71568	0.14556	0.12619	0.02224	0.13442	0.00987	2.15398
江　西	2.25965	0.11401	0.29841	0.04523	0.14254	0.00411	2.86395
山　东	2.10085	0.02911	0.08849	0.20054	0.67175	0.00960	3.10033

续表

均衡面积	耕地	林地	水域	草地	化学燃料地	建筑用地	加总
河　南	2.43165	0.02501	0.03699	0.22616	0.52128	0.00693	3.24802
湖　北	2.38628	0.03496	0.37845	0.06909	0.06510	0.00614	2.94003
湖　南	2.79001	0.12979	0.19305	0.06371	0.20197	0.00470	3.38324
广　东	1.18988	0.03903	0.21939	0.01321	0.21104	0.01217	1.68471
广　西	2.32562	0.16687	0.15168	0.05158	0.01374	0.00519	2.71468
海　南	1.96218	0.08864	0.23028	0.05871	0.03762	0.00472	2.38216
重　庆	2.35255	0.01584	0.04630	0.04356	0.53483	0.00566	2.99874
四　川	2.57982	0.03090	0.08068	0.11432	0.47551	0.00493	3.28617
贵　州	1.68765	0.04799	0.01418	0.05528	0.66453	0.00594	2.47558
云　南	2.31298	0.07589	0.03865	0.14928	0.34434	0.00605	2.92720
西　藏	0.53900	0.02912	0.00120	1.48466	0.00000	0.00000	2.05398
陕　西	1.15451	0.03567	0.00957	0.11458	2.43688	0.00624	3.75745
甘　肃	0.98240	0.01749	0.00309	0.22073	0.46665	0.00855	1.69891
青　海	0.85522	0.00140	0.00180	0.57917	1.67616	0.01873	3.13248
宁　夏	1.11693	0.01894	0.08389	0.49061	1.53623	0.02359	3.27020
新　疆	1.39640	0.04774	0.02952	0.76779	3.18435	0.00746	5.43326

数据来源：根据 2009 年的《中国统计年鉴》有关数据计算。

表 4-2　2008 年全国各省份实际生态承载

均衡面积	耕地	林地	水域	草地	化学燃料地	建筑用地	加总
北　京	0.06353	0.05746	0.00405	0.00001	0	0.09261	0.19154
天　津	0.17434	0.01144	0.01794	0.00001	0	0.14552	0.30734
河　北	0.42014	0.08945	0.01906	0.00109	0	0.11933	0.57118
山　西	0.55273	0.20279	0.02931	0.00183	0	0.11849	0.79654
内蒙古	1.37631	1.82622	0.09503	0.25822	0	0.28739	3.38200
辽　宁	0.44009	0.14718	0.01721	0.00077	0	0.15069	0.66522
吉　林	0.94093	0.29494	0.06166	0.00363	0	0.18111	1.30439

续表

均衡面积	耕地	林地	水域	草地	化学燃料地	建筑用地	加总
黑龙江	1.43741	0.53028	0.05200	0.00548	0	0.18134	1.94172
上　海	0.06004	0.00119	0.00151	0	0	0.06240	0.11013
江　苏	0.28841	0.01302	0.02165	0	0	0.11710	0.38736
浙　江	0.17438	0.12802	0.00890	0	0	0.09525	0.35776
安　徽	0.43413	0.06728	0.02132	0.00004	0	0.12590	0.57083
福　建	0.17154	0.25221	0.00402	0.00001	0	0.08348	0.44991
江　西	0.29864	0.23767	0.04018	0.00001	0	0.10080	0.59602
山　东	0.37093	0.03026	0.01209	0.00003	0	0.12391	0.47275
河　南	0.39073	0.04845	0.01309	0.00001	0	0.10779	0.49287
湖　北	0.37960	0.13426	0.03043	0.00007	0	0.11397	0.57934
湖　南	0.27607	0.18379	0.03830	0.00015	0	0.10127	0.52763
广　东	0.13786	0.10993	0.00795	0.00003	0	0.08715	0.30177
广　西	0.40704	0.28397	0.01278	0.00141	0	0.09203	0.70156
海　南	0.39596	0.22794	0.02587	0.00022	0	0.16222	0.71474
重　庆	0.36607	0.12934	0.00304	0.00079	0	0.09711	0.52480
四　川	0.33968	0.27873	0.01522	0.01601	0	0.09158	0.65227
贵　州	0.54967	0.20107	0.00389	0.00400	0	0.06827	0.72768
云　南	0.62124	0.53427	0.01019	0.00163	0	0.08348	1.10071
西　藏	0.58567	5.78240	1.93052	2.13308	0	0.10894	9.27573
陕　西	0.50043	0.28518	0.01462	0.00774	0	0.10091	0.79981
甘　肃	0.82393	0.28397	0.05605	0.04559	0	0.17282	1.21648
青　海	0.45509	1.00458	0.49716	0.69150	0	0.27429	2.57190
宁　夏	0.83304	0.18691	0.08277	0.03482	0	0.15983	1.14170
新　疆	0.89971	0.28584	0.09768	0.22789	0	0.27044	1.56776

　　数据来源：2009 年 31 个省、市、区的统计年鉴。

　　注：化学燃料地作为不可再生资源，为了保证自然资本总量不减少，我们应该储备一定量的土地来补偿因化石能源的消耗而损失的自然资本的量，但由于化石能源的不可再生性，实际无法进行储备。因此，各省份化学燃料地实际土地承载结果也为 0。

表 4-3　2008 年中国各省份生态盈余（赤字）（单位：全球标准公顷）

	耕地 (1)	林地 (2)	水域 (3)	草地 (4)	化学燃料地 (5)	建筑用地 (6)	总的生态足迹 (7)	原有总的实际生态承载量 (8)	扣除保护面积的实际生态承载量 (9)	总的生态 (10)
北　京	-0.57481	0.04799	-0.01776	-0.07435	-0.07308	0.07912	0.83055	0.21766	0.19154	-0.63901
天　津	-0.84821	0.00583	-0.14856	-0.12705	-1.83737	0.13098	3.17362	0.34925	0.30734	-2.86628
河　北	-1.80209	0.06846	-0.02210	-0.27233	-0.36218	0.10939	2.92992	0.64907	0.57118	-2.35874
山　西	-0.39897	0.18764	0.02311	-0.06801	-4.90106	0.10571	5.95673	0.90515	0.79654	-5.16019
内蒙古	-0.72615	1.74179	0.06697	-1.07350	-4.42283	0.27063	7.98628	3.84318	3.38200	-4.60428
辽　宁	-2.27329	0.11203	-0.08112	-0.19334	-0.62027	0.13984	3.67208	0.75593	0.66522	-3.00686
吉　林	-1.83567	0.20277	0.02256	-0.28270	-0.53218	0.17509	3.73239	1.48227	1.30439	-2.42800
黑龙江	-0.92374	0.44503	-0.01215	-0.32344	-1.67733	0.17553	4.52260	2.20650	1.94172	-2.58088
上　海	-0.37662	-0.00240	-0.05188	-0.01693	-0.03434	0.04242	0.56491	0.12515	0.11013	-0.45478
江　苏	-1.29870	-0.00052	-0.24761	-0.02910	-0.09267	0.10363	2.00516	0.44018	0.38736	-1.61780
浙　江	-1.00779	0.07846	-0.10046	-0.03089	-0.00055	0.08021	1.38757	0.40655	0.35776	-1.02981
安　徽	-1.62467	0.01899	-0.17235	-0.08092	-0.40564	0.12126	2.79200	0.64867	0.57083	-2.22117
福　建	-1.54414	0.10665	-0.12217	-0.02224	-0.13442	0.07361	2.15398	0.51126	0.44991	-1.70407
江　西	-1.96101	0.12366	-0.25823	-0.04522	-0.14254	0.09668	2.86395	0.67730	0.59602	-2.26793
山　东	-1.72992	0.00115	-0.07640	-0.20051	-0.67175	0.11431	3.10033	0.53722	0.47275	-2.62758
河　南	-2.04092	0.02345	-0.02390	-0.22615	-0.52128	0.10086	3.24802	0.56008	0.49287	-2.75515
湖　北	-2.00668	0.09930	-0.34802	-0.06902	-0.06510	0.10783	2.94003	0.65834	0.57934	-2.36069
湖　南	-2.51395	0.05400	-0.15475	-0.06356	-0.20197	0.09657	3.38324	0.59959	0.52763	-2.85561
广　东	-1.05202	0.07090	-0.21144	-0.01318	-0.21104	0.07498	1.68471	0.34292	0.30177	-1.38294
广　西	-1.91858	0.11710	-0.13890	-0.05017	-0.01374	0.08684	2.71468	0.79723	0.70156	-2.01312
海　南	-1.56622	0.13930	-0.20441	-0.05850	-0.03762	0.15749	2.38216	0.81221	0.71474	-1.66742
重　庆	-1.98648	0.11351	-0.04326	-0.04277	-0.53483	0.09146	2.99874	0.59636	0.52480	-2.47394
四　川	-2.24014	0.24783	-0.06546	-0.09831	-0.47551	0.08665	3.28617	0.74122	0.65227	-2.63390
贵　州	-1.13798	0.15308	-0.01030	-0.05128	-0.66453	0.06234	2.47558	0.82690	0.72768	-1.74790
云　南	-1.69174	0.45838	-0.02847	-0.14765	-0.34434	0.07743	2.92720	1.25081	1.10071	-1.82649
西　藏	0.04666	5.75328	1.92932	0.64842	—	0.10894	2.05398	10.54060	9.27573	7.22175
陕　西	-0.65409	0.24952	0.00505	-0.10684	-2.43688	0.09467	3.75745	0.90888	0.79981	-2.95764
甘　肃	-0.15847	0.26648	0.05297	-0.17514	-0.46665	0.16427	1.69891	1.38237	1.21648	-0.48243
青　海	-0.40013	1.00317	0.49535	0.11234	-1.67616	0.25556	3.13248	2.92261	2.57190	-0.56058
宁　夏	-0.28388	0.16797	-0.00112	-0.45579	-1.53623	0.13624	3.27020	1.29739	1.14170	-2.12850
新　疆	-0.49670	0.23810	0.06816	-0.53990	-3.18435	0.26298	5.43326	1.78155	1.56776	-3.86550

注：①西藏由于缺少能源统计数据未被计入；②总的生态盈余/赤字等于扣除保护面积的实际生态承载量减去总的生态足迹，即(10)=(9)-(7)；③总的生态盈余/赤字不等于各分项生态盈余/赤字加总，是由于各分项生态盈余/赤字计算时并未扣除 12% 的该项生态承载量，这是因为生物多样性是一个系统概念，需从总的实际生态承载量角度出发做整体考虑。总的生态盈余/赤字与各分项生态盈余/赤字的对应关系应该为：(10)=(1)+(2)+(3)+(4)+(5)+(6)-(8)+(9)。

从表 4-3 可以看出，除西藏外，各省市区的耕地承载力都表现为生态赤字，其中，湖南、辽宁、四川、河南、湖北、重庆、江西赤字情况较为突出。可以看出，在中部六省中有四省存在较大的耕地生态赤字。中部地区作为中国粮食的主产地，担负着较重的粮食生产任务，这是出现耕地生态赤字的重要原因。四川与重庆山地较多，耕地面积本来就有限，但粮食产量大，因而其耕地生态赤字较大。其他地区也面临着耕地生态赤字问题。随着全国人口的增加，粮食需求量增大，耕地供给压力大。同时，由于城市化与工业化进程加速，各地区都面临耕地减少的压力，耕地难以满足生态性生产的需求。因此，未来应进一步加大耕地保护力度，在保证耕地供给的基础上，提升农业生产的专业化水平和集约化程度，通过创新提升耕地生态承载力。

从林地生态承载力来看，全国大部分的省市区都有盈余，其中西藏、青海、内蒙古、黑龙江、云南的林地生态承载能力相对较强。西藏、青海、云南都有丰富的森林资源，其中不乏许多原始森林。这些地区是全国诸多重要水系的发源地，对水源的蓄积以及地表径流的调节都发挥了重要作用。但是，随着旅游、水电等一些项目的开发，这些地区的生态也遭到了明显破坏，因此，如何保护森林资源，继续保持林地生态承载能力是这些地区未来发展中需要考虑的重点。内蒙古的大兴安岭和黑龙江的小兴安岭分别为两地提供了丰富的林地资源，与此同时，退耕还林工程、京津风沙源治理工程、三北重点防护林体系工程等一系列的森林建设项目使得内蒙古和黑龙江的森林承载优势十分明显。

从水域的生态承载力来看，山西、内蒙古、吉林、西藏、陕西、甘肃、青海、新疆都表现为生态盈余，其中西藏和青海的水域生态承载力最好。而湖北、江西、广东、江苏和海南的水域生态赤字突出。这些省份基本上都是沿江、沿海地区，水产养殖业规模相对较大，过度开发导致了水域面积日益减少，这给当地的水域生态承载带来了很大的压力。

除了西藏、青海以外，各省份的草地生态承载力都表现为生态赤字，其中内蒙古和新疆最为突出，分别为 -1.07 和 -0.54。西藏、青海、内蒙古和新疆都是全国畜牧大省区，但草地的承载力相差悬殊，内蒙古、新疆与西藏和青海的人均畜牧产品产量相当，但西藏和青海的草地面积却远远超过了内蒙古和新疆，这表明后两个地区存在明显的畜牧超载问题。习惯于以牛羊肉为食、羊毛绒为衣，内蒙古和新疆的牛羊产品的需求量大，这是畜牧超载的重要原因。由于本地的牛羊肉价格高，两地有限的草地上养殖了过量的牛羊，这必然给当地的草地生态承载带来沉重的压力。内蒙古、新疆存在大量荒漠化土地，做好防沙、治沙和退牧还草工作将是缓解两地草地生态压力以提升可持续发展能力的关键。

各省市区的化学燃料地生态赤字差距很大，该项生态赤字最大的是山西，赤字高达 -4.90106，而最低的浙江仅为 -0.00055（西藏由于缺少能源统计数据未被计入内）。前面所提到的用消费生态足迹法所计算的生态承载力误差在化学燃料地方面表现得最为突出，也就是说，若不考虑地区能源的输入输出，则难以反映能源产地的消费转移，从而无法科学地反映各地区化学燃料地生态承载力。从全国能源生产与消费格局来看，化学燃料地生态赤字最高的省份是山西、内蒙古、新疆与陕西。这些省份作为中国煤炭、石油、天然气的主要产地，每年向外输出大量的能源资源，而东部沿海的浙江、上海、北京和江苏等能源消费大省的能源生产量很小；自身能源资源匮乏的东部地区所消费的能源主要来源于中西部资源大省，其自身化学燃料地的生态承载得到了保护，但将能源生态破坏力转移到了中西部，从而导致这些具备能源资源禀赋优势的中西部省份生态赤字非常严重。当前，生态资源补偿机制不健全，中西部资源大省将这些不可再生资源源源不断地输送至东部，有限的资源补贴远远不足以弥补对资源进行大规模开发而导致的生态环境被严重破坏。更加值得注意的是，一旦资源枯竭，这类地区的经济社会发展会受到严重影响，整个地区将陷入长期萧条。因此，为了改变这种不合理的区域格局，一方面需要在全国范围内尽快建立完善的生态补偿机制，另一方面这些能源资源地区的地方政府应努力避免走先污染后治理的道路，在资源开采的同时进一步加强对生态环境的保护力度，改进能源开采技术，提高生产效率。此外，在一些资源储量趋于下降的地区，应该积极调整和转变产业结构，预先探寻发展接续产业的新路子，以维持自身可持续发展。

全国各省市区的建设用地都未出现赤字，盈余较多的地区主要集中在西部和东北，包括内蒙古、新疆、青海、黑龙江、吉林。这些省份幅员辽阔，绝大多数地区的城市化水平不高，所以城市建设用地所占比率相对较低。但东部地区的建设用地紧张，例如上海、北京、广东、浙江等的生态盈余相对较低，如果以后在建设用地的审批和使用上不加以控制，则很快会出现生态赤字。近几年来，东部地区在实施产业结构升级战略时，逐渐淘汰了一些技术落后、高污染、高耗能、低附加值的行业，大力发展高端装备制造、电子信息、生物医药以及现代服务业等一系列新兴产业。这些行业都具有高集聚、规模化、集约化的空间布局特点，东部地区通过结构升级、产业转移为新兴产业"腾笼换鸟"，在一定程度上缓解了地区建设用地生态承载压力。

从全国各省总的生态盈余（赤字）情况来看，除西藏以外，其余各省都表现为生态赤字，其中，生态承载较好、生态赤字较小的省份有上海、甘肃、青海、北京、浙江、广东、江苏、海南和福建。这些生态承载力相对较好的省份除了西藏、甘肃、青海、北京外都位于东部沿海。生态赤字比较严重的地区有山东、黑龙江、四川、湖南、天津、河南、辽宁、陕西、新疆、内蒙古和山西，这些省份主要集中在东北和中西部地区。各省份生态承载力综合评价结果见表4－4。

表 4 -4　2008 年各省份生态承载力分类

	生态承载力		
	高	一般	较低
东部地区	上海　北京　浙江　广东 江苏　海南　福建	河北　山东	天津
中部地区		安徽　江西　湖北	湖南　河南　山西
西部地区	西藏　甘肃　青海	贵州　云南　广西 宁夏　重庆	四川　陕西　内蒙古 新疆
东北地区		吉林	黑龙江　辽宁

4.4　本章小结

本章运用基于改进的生态足迹模型，计算并分析了全国各省份的生态盈余（赤字）。从结果可以看出，绝大多数东部沿海地区省份生态承载较好、生态赤字较小，而生态赤字比较严重的省份主要集中在东北和中西部地区。这一结果与陈敏等（2006）用消费生态足迹对2002年全国各省市区生态承载的测算结果不尽相同，他们的分析结论是东部沿海地区的生态赤字较为严重，而内地特别是西部大部分地区的生态承载力为正值，即存在生态盈余。作者认为，本章的主要结论与这一结论存在差别的原因在于，其运用的是消费生态足迹方法，而本章运用的是间接考虑了区域间资源输入输出的生产性生态足迹方法。

从全国目前的地域分工来看，中西部地区仍旧扮演着资源开发与供给的角色，东部地区虽然使用了大量的生态资源，但其绝大部分生态资源是从中西部地区输入的。在这种情况下，生态破坏在区域之间发生了明显的转移，东部地区的生态系统得到了很好的保护，而中西部资源输出地区的生态系统所承受的压力不断增大，这种生态破坏的恶性循环将严重制约中国的可持续发展与全国区域协调发展。因此，生态资源丰富但生态承载力相对较弱的一些中西部省份，一定要正确处理好经济发展与生态保护之间的关系，在推动经济平稳较快发展的同时，要进一步加大生态保护力度，确保当地经济社会环境的可持续发展。与此同时，中央政府应该尽快完善区域生态利益补偿机制，并对生态承载力较弱的地区实行积极的倾斜政策，加大对这些地区的生态治理投入，推进资源性产品价格税费改革，缩小区域差距，最终实现生态文明的区域协调发展战略目标。

第5章

工业区域布局的环境承载研究

日益严峻的环境污染已经成为当前制约经济发展、影响社会安定、危害公众健康的一个重要因素。胡锦涛总书记在十七大报告中强调：要建设生态文明，基本形成节约能源资源和保护生态环境的产业结构、增长方式与消费模式；循环经济形成较大规模，可再生能源比重显著上升；主要污染物排放得到有效控制，生态环境得到明显改善；生态文明观念在全社会牢固树立。在生态文明新的时代要求下，有必要针对我国目前各省不同的生态环境状况，对当前我国各省份的环境承载能力进行评估。

1974 年，毕晓普（Bishop）在《区域环境管理的承载能力》一书中指出"环境承载力是指在维持一定的可接受的生活水平前提下，一个区域的环境所能承载的人类活动的剧烈程度"。IUCN/UNEP/WWF（1991）在《保护地球》中指出"地球所能承受的最大限度的影响就是其承载力。通过技术提升，人类可以增强这种承载力，但往往都需要以减少生物多样性和生态功能为代价"。叶文虎、唐剑武则认为环境承载力可定义为："在某个时期，某种环境状态下，某一区域环境对人类社会经济活动支持能力的阈值。"

近年来国内外学者对环境承载力的研究多为以定性分析为主的理论探讨，虽然也有部分文献对环境承载力进行了相应的定量分析，但多集中于对单一省份或地区情况研究，缺少从全国层面对各省环境综合承载力比较分析的研究。

5.1 方法与数据说明

相对剩余环境容量法是目前应用较多的一种评价环境承载力大小的方法。这种方法主要通过测算区域环境承载量（环境承载力指标体系中各项指标的实测值）与该区域环境承载量阈值（各项指标的标准值）之间的比值关系，来衡量区域环境承载力的大小。

5.1.1 **环境承载力量化方法**

（1）相对剩余环境容量模型

相对剩余环境容量为：$E_i = \dfrac{C_i}{C_0} - 1$

其中，C_0 为标准量，即一定条件下环境所要求达到的标准，C_i 为实测量，即 i 地区环境的实际测量值。E_i 表现为 i 地区环境指标是否超标。当 $E_i > 0$ 说明 i 地区环境指标已超过环境既定的标准要求，环境质量相对较差。相反，当 $E_i < 0$ 说明 i 地区环境指标还在标准要求范围之内，环境质量整体较好。

（2）地区综合环境承载力模型

假设要对 k 地区的环境承载力进行测度，其中在各地区选取 j 个环境要素，每个环境要素各有 i（$i = l, 2, \cdots, n+m$）个污染排放指标。

环境综合承载力为：$E_k = \displaystyle\sum_{i=1}^{m+n} w_{ij} E_{ijk}$

其中 E_{ijk} 为 k 地区 j 个环境要素中 i 个污染排放指标的相对剩余环境容量，w_{ij} 为 j 个环境要素中 i 个污染排放指标在综合环境承载力中所占的权重，E_k 为 k 地区的综合环境承载力，E_k 越大说明 k 地区的环境污染排放已经超过了标准要求越多，其综合环境承载力也就相对越差，相反，E_k 越小说明 k 地区的环境污染排放越在标准要求以下，其综合环境承载力也就相对越好。

5.1.2 **数据获取**

当前环境的污染主要集中在大气污染和水污染两个方面，

同时，这两类污染也和人类生活息息相关。因此，本章选取大气和地表水这两个环境要素作为测度环境承载力的主要指标。其中大气选取了 SO_2 年均浓度、NO_2 年均浓度、PM10 年均浓度三类环境分指标，地表水选取了高锰酸盐指数、五日生化需氧量、氨氮、挥发酚四类环境分指标。大气指标数据主要来源于 2008 年全国 114 个重点城市的监测结果，涵盖了全国 31 个省、市、自治区，且基本都为各省份人口和工业相对集中的重点城市，以此作为参照更能反映一个省人民生活所处的大气环境的质量。水指标数据主要来源于 2008 年全国各大水域 485 个国控断面的主要监测结果，包括长江流域、黄河流域、珠江流域、淮河流域、松花江流域、辽河流域、海河流域全国七大流域以及西北诸河、西南诸河、浙闽区河、南水北调东线诸河四大板块流域的水质统计。这些流域流经全国各省份，且都为这些省份主要的地表水系，是各省份大部分的生活、工业用水的主要来源以及废水污染排放的主要途径，因此，选取这些指标能够很好地反映一个省份水环境质量的好坏情况。同时，分别对各省份重点城市大气监测以及主要流经水系的监测质量结果进行加权平均，得到以下各省份大气和水监测质量的统计表，具体数据见表 5 - 1。

表 5-1　2008 年全国各省份大气和水检测质量统计表

| | 大气（浓度单位：mg/m³） | | | 地表水（单位：mg/L） | | | |
	SO₂ 年均浓度	NO₂ 年均浓度	PM10 年均浓度	高锰酸盐指数	五日生化需氧量	氨氮	挥发酚
北　京	0.0360	0.0490	0.1230	4.5333	5.1167	2.4600	0.0013
天　津	0.0610	0.0410	0.0880	8.8091	3.7818	4.2891	0.0045
河　北	0.0546	0.0298	0.0910	14.6387	14.9823	7.8334	0.0279
山　西	0.0566	0.0288	0.0882	18.8417	20.3667	11.3658	0.0214
内蒙古	0.0543	0.0333	0.0960	5.4083	2.8738	0.6518	0.0010
辽　宁	0.0467	0.0347	0.0945	7.3731	6.2154	2.1481	0.0053
吉　林	0.0275	0.0315	0.0945	7.6375	5.7411	3.8655	0.0055
黑龙江	0.0333	0.0353	0.0840	6.4200	3.5500	1.1060	0.0018
上　海	0.0510	0.0560	0.0840	3.9500	1.6000	1.1500	0.0020
江　苏	0.0436	0.0327	0.0946	4.5853	2.5197	0.8072	0.0018
浙　江	0.0438	0.0446	0.0952	3.1571	1.7429	0.5407	0.0020
安　徽	0.0213	0.0233	0.0987	4.6481	3.3486	1.1671	0.0015
福　建	0.0250	0.0380	0.0693	3.1611	1.8222	0.4839	0.0011
江　西	0.0445	0.0290	0.0805	2.6923	1.5615	0.4362	0.0012
山　东	0.0571	0.0318	0.0979	9.9556	7.5331	2.0305	0.0151
河　南	0.0531	0.0367	0.0954	6.5782	5.3755	2.6469	0.0021
湖　北	0.0573	0.0410	0.0967	2.3182	1.8273	0.2518	0.0012
湖　南	0.0630	0.0322	0.1033	2.2786	1.5429	0.3379	0.0015
广　东	0.0282	0.0332	0.0580	3.2000	3.6778	2.2000	0.0019
广　西	0.0418	0.0285	0.0438	1.9571	1.2357	0.2114	0.0012
海　南	0.0090	0.0170	0.0430	2.1000	1.3750	0.3950	0.0010
重　庆	0.0630	0.0430	0.1060	2.5500	1.4625	0.2775	0.0011
四　川	0.0590	0.0345	0.0804	2.7720	1.9960	0.6984	0.0012
贵　州	0.0785	0.0260	0.0830	2.4100	2.2300	0.6170	0.0011
云　南	0.0473	0.0280	0.0747	2.2856	1.3932	0.3644	0.0015
西　藏	0.0050	0.0240	0.0510	1.1667	0.0000	0.1600	0.0020
陕　西	0.0462	0.0360	0.0975	7.1417	5.9250	2.3417	0.0093
甘　肃	0.0745	0.0380	0.1170	1.7917	1.8389	0.2356	0.0012
青　海	0.0290	0.0300	0.1180	2.1750	2.8125	0.8713	0.0013
宁　夏	0.0605	0.0255	0.0885	3.3250	2.3750	0.6875	0.0025
新　疆	0.0605	0.0490	0.1085	2.3792	1.4833	0.4658	0.0011

数据来源：2009 年《中国环境年鉴》。

环境标准量，即一定条件下环境所要求达到的标准，本文选取国家环境空气质量标准（GB 3095—1996）的二级标准（二类区为城镇规划中确定的居住区、商业交通居民混合区、文化区、一般工业区和农村地区，二类区执行二级标准）和地表水环境质量标准（GB 3838—2002）的三级标准（主要适用于集中式生活饮用水地表水源地二级保护区、鱼虾类越冬场、水产养殖区等渔业水域及游泳区）作为环境标准量。具体标准见表5-2。

表5-2　大气和水环境标准量

标准	大气（浓度单位：mg/m^3）			地表水（单位：mg/L）			
	SO_2 年均浓度	NO_2 年均浓度	PM10 年均浓度	高锰酸盐指数	五日生化需氧量	氨氮	挥发酚
	0.06	0.04	0.1	6	4	1	0.005

数据来源：国家环境空气质量标准和地表水环境质量标准。

5.2 实证分析结果与结论

根据模型①，分别测算出全国各省份空气中 SO_2 年均浓度、NO_2 年均浓度、PM10 年均浓度指标的相对剩余环境容量，以及地表水中高锰酸盐指数、五日生化需氧量、氨氮指标的相对剩余环境容量。

表 5 -3　全国各省份空气中 SO_2 年均浓度、NO_2 年均浓度、
$PM10$ 年均浓度指标的相对剩余环境容量

地区名称	SO_2 年均浓度	NO_2 年均浓度	$PM10$ 年均浓度
北　京	−0.4000	0.2250	0.2300
天　津	0.0167	0.0250	−0.1200
河　北	−0.0900	−0.2550	−0.0900
山　西	−0.0567	−0.2800	−0.1180
内蒙古	−0.0944	−0.1667	−0.0400
辽　宁	−0.2222	−0.1333	−0.0550
吉　林	−0.5417	−0.2125	−0.0550
黑龙江	−0.4444	−0.1167	−0.1600
上　海	−0.1500	0.4000	−0.1600
江　苏	−0.2741	−0.1833	−0.0544
浙　江	−0.2700	0.1150	−0.0480
安　徽	−0.6444	−0.4167	−0.0133
福　建	−0.5833	−0.0500	−0.3067
江　西	−0.2583	−0.2750	−0.1950
山　东	−0.0481	−0.2056	−0.0211
河　南	−0.1143	−0.0821	−0.0457
湖　北	−0.0444	0.0250	−0.0333
湖　南	0.0500	−0.1958	0.0333
广　东	−0.5306	−0.1708	−0.4200
广　西	−0.3042	−0.2875	−0.5625
海　南	−0.8500	−0.5750	−0.5700
重　庆	0.0500	0.0750	0.0600
四　川	−0.0167	−0.1375	−0.1963
贵　州	0.3083	−0.3500	−0.1700
云　南	−0.2111	−0.3000	−0.2533
西　藏	−0.9167	−0.4000	−0.4900
陕　西	−0.2306	−0.1000	−0.0250
甘　肃	0.2417	−0.0500	0.1700
青　海	−0.5167	−0.2500	0.1800
宁　夏	0.0083	−0.3625	−0.1150
新　疆	0.0083	0.2250	0.0850

表5-4　全国各省份地表水中高锰酸盐指数、五日生化需氧量、
氨氮指标的相对剩余环境容量

地区名称	高锰酸盐指数	五日生化需氧量	氨氮
北　京	−0.2444	0.2792	1.4600
天　津	0.4682	−0.0545	3.2891
河　北	1.4398	2.7456	6.8334
山　西	2.1403	4.0917	10.3658
内蒙古	−0.0986	−0.2815	−0.3482
辽　宁	0.2288	0.5538	1.1481
吉　林	0.2729	0.4353	2.8655
黑龙江	0.0700	−0.1125	0.1060
上　海	−0.3417	−0.6000	0.1500
江　苏	−0.2358	−0.3701	−0.1928
浙　江	−0.4738	−0.5643	−0.4593
安　徽	−0.2253	−0.1628	0.1671
福　建	−0.4731	−0.5444	−0.5161
江　西	−0.5513	−0.6096	−0.5638
山　东	0.6593	0.8833	1.0305
河　南	0.0964	0.3439	1.6469
湖　北	−0.6136	−0.5432	−0.7482
湖　南	−0.6202	−0.6143	−0.6621
广　东	−0.4667	−0.0806	1.2000
广　西	−0.6738	−0.6911	−0.7886
海　南	−0.6500	−0.6563	−0.6050
重　庆	−0.5750	−0.6344	−0.7225
四　川	−0.5380	−0.5010	−0.3016
贵　州	−0.5983	−0.4425	−0.3830
云　南	−0.6191	−0.6517	−0.6356
西　藏	−0.8056	−1.0000	−0.8400
陕　西	0.1903	0.4813	1.3417
甘　肃	−0.7014	−0.5403	−0.7644
青　海	−0.6375	−0.2969	−0.1288
宁　夏	−0.4458	−0.4063	−0.3125
新　疆	−0.6035	−0.6292	−0.5342

由于涉及的指标较多，这里采用因子分析法来确定各指标的权重。首先运用公式 $x_{ij}' = (x_{ij} - \overline{x_j})/\delta_j$ 对各指标进行无量纲化处理，经 Promax 旋转后，得出公因子载荷矩阵。其中 x_{ij} 表示第 i 个地区的第 j 个指标的值（$i = 1, 2, \cdots, n; j = 1, 2, \cdots, p$），均值 $\overline{x_j} = \dfrac{1}{n} \sum\limits_{i=1}^{n} x_{ij}$，方差 $\delta_j = \sqrt{\dfrac{1}{n} \sum\limits_{i=1}^{n} (x_{ij} - x_j)^2}$，若 $\delta_j = 1$，令 $x_{ij} = 0$。根据因子载荷矩阵结果（见表 5 − 5），提取大气环境（SO_2 年均浓度、NO_2 年均浓度、PM10 年均浓度归为一类）和水环境（高锰酸盐指数、五日生化需氧量、氨氮、挥发酚归为一类）两大主成分因子。由公式 $a_i = \lambda_i \left(\sum\limits_{i=1}^{m} \lambda_i \right)^{-1}$（$\lambda_i$ 为特征值）计算出两大主成分因子累计方差贡献率为 80.67%。

表 5 −5　　因子载荷矩阵结果

	1	2
SO_2 年均浓度	0.137	0.744
NO_2 年均浓度	−0.154	0.775
PM10 年均浓度	0.102	0.835
高锰酸盐指数	0.973	0.073
五日生化需氧量	0.986	0.049
氨氮	0.963	0.026
挥发酚	0.942	0.000

最后依据公式 $W_i = \lambda_i \Big/ \sum\limits_{i=1}^{2} \lambda_i$ 分别确定各成分权重，并将各成分权重代入模型②，对两个主成分进行加权求和，得出全国各省份环境污染规制强度系数及各省排名，计算结果见表 5 −6。

表 5 -6　全国各省份综合环境承载力结果

地区	主成分因子 1	主成分因子 2	综合环境承载力	综合排名
北　京	1.312	-0.091	0.371	26
天　津	0.661	0.504	0.556	28
河　北	-0.110	2.977	1.959	30
山　西	-0.166	3.713	2.434	31
内蒙古	0.332	-0.247	-0.056	18
辽　宁	0.165	0.403	0.325	25
吉　林	-0.443	0.591	0.250	23
黑龙江	-0.322	-0.094	-0.169	14
上　海	1.126	-0.509	0.030	20
江　苏	0.014	-0.277	-0.181	13
浙　江	0.639	-0.533	-0.146	16
安　徽	-0.875	-0.140	-0.382	8
福　建	-0.711	-0.537	-0.594	4
江　西	-0.471	-0.499	-0.490	7
山　东	0.295	1.063	0.810	29
河　南	0.448	0.214	0.291	24
湖　北	0.801	-0.607	-0.143	17
湖　南	0.630	-0.532	-0.149	15
广　东	-1.160	-0.164	-0.493	6
广　西	-1.399	-0.591	-0.858	3
海　南	-2.747	-0.499	-1.240	1
重　庆	1.246	-0.624	-0.007	19
四　川	0.134	-0.468	-0.270	9
贵　州	0.205	-0.409	-0.206	12
云　南	-0.593	-0.521	-0.545	5
西　藏	-2.303	-0.688	-1.221	2
陕　西	0.270	0.538	0.450	27
甘　肃	1.502	-0.604	0.090	22
青　海	0.078	-0.421	-0.257	10
宁　夏	-0.109	-0.286	-0.228	11
新　疆	1.550	-0.664	0.066	21

首先来看分指标环境承载力结果，表 5 - 6 中主成分因子 1 的得分代表的是空气环境承载力，主成分因子 2 的得分代表的是水环境承载力。从全国整体情况来看，目前空气环境承载力要远远差于水环境承载力，北京、天津、内蒙古、辽宁、上海、江苏、浙江、山东、河南、湖北、湖南、重庆、四川、贵州、陕西、甘肃、青海和新疆的空气环境承载都表现为超标。水环境承载超标的省份相对偏少，仅天津、河北、山西、辽宁、吉林、山东、河南和陕西。空气和水环境同时超标的有天津、辽宁、山东、河南和陕西。另外，从分指标环境承载超标的程度来看，空气环境承载超标较为严重的有北京、上海、重庆、甘肃和新疆，水环境承载超标较为严重的有河北、山西和山东。

从各省份的综合环境承载力结果来看，超标的省份主要有北京、天津、河北、山西、辽宁、吉林、上海、山东、河南、陕西、甘肃和新疆。

为了进一步对实证结果进行分析，根据各省综合环境承载力的强弱按四大战略区域进行了划分（见表 5 - 7）。从该表可以看出，除东北地区环境承载力整体较差外，东中西三大板块都存在明显的分化，环境承载力高中低的省份都存在，且数量相对均匀。

表5-7　2008 年各省份环境承载力强度分类

环境承载力	高			一般			较低			
东部地区	海南	福建	广东	江苏	浙江	上海	北京	天津	山东	河北
中部地区	江西	安徽		湖南	湖北		河南	山西		
西部地区	西藏　广西　云南 四川　青海			宁夏　贵州 内蒙古　重庆			新疆	甘肃	陕西	
东北地区	黑龙江			吉林			辽宁			

东部地区的珠三角和长三角地带环境情况较好，对应的环境承载力也较强，环境承载力较弱的东部省份基本都集中在了环渤海地带。其中，天津、河北、山东主要表现为空气环境质量较差。近年来，随着环渤海经济带"中国第三极"的快速发展以及东南沿海地区要素成本的上升和产业结构升级的加快，外国在华投资出现了"北上"的趋势，珠三角和长三角一些能源密集型的重工业开始逐步向环渤海地带转移扩散，天津、河北、山东成为区域投资的重点。另外，近年来河北承接了大量北京的转移产业，并多以钢铁、石化为主。因此，这些重型工业的转移使得天津、河北、山东等地的空气污染排放增加，从而导致空气质量下降。北京的空气质量相对较好，这主要归根于较强的环境规制力度和近年来污染型企业的向外转移。但地表水水质却相对较差，主要是因为北京总体入境水量少而污水排放量却随着人口的增多而逐年增大，仅有的几条主要河流承载压力不断增大。因此，对于环渤海地区而言，在吸引投资推动发展的同时，如何进一步强化环境规制力度，大力

推进环境区域合作，是解决当前环境污染问题的重点。

中部地区环境承载力较弱的主要有河南和山西两个能源大省。山西主要表现为空气污染超标严重，居全国各省份首位；河南的空气和水环境承载全都已超标，黄河断流、过度开发水资源现象严重，水源污染和破坏现象屡禁不止。虽然两省份经济发展迅速，但其严重依赖资源开发的经济发展模式对环境造成了巨大破坏。

西部地区环境承载力较弱的主要有新疆、甘肃和陕西。新疆和甘肃主要表现为水污染超标，随着近年来新疆和甘肃资源的开采冶炼规模增大以及石油化工等污染密集型行业的兴起导致工业废水排放量日益增多，对于地表水相对匮乏的新疆和甘肃而言，其水环境承载压力不断增大。陕西作为石油、天然气以及煤炭资源大省，近年来开采力度不断增大，相应的资源密集型企业数量也随着增多，从而导致陕西面临着空气和水环境承载同时超标的压力。

东北地区除黑龙江的综合环境承载力一般以外，吉林和辽宁的承载力都相对较弱。过去几十年的经济发展过程中，东北老工业基地为高能耗、高污染的传统工业化道路付出了沉重的资源环境代价。虽然东北老工业基地振兴战略的实施，通过加快产业结构调整、加大环境治理力度，对环境的治理和保护起到了积极的作用，但要实现环境质量的有效改善仍旧任重道远。

5.3 本章小结

通过以上分析可以看出，要提升我国整体环境承载力，发达地区必须认真审视"先污染，后治理"这一发展模式，正确处理经济发展与环境治理二者之间的矛盾，实现经济、社会与环境三者之间的协调发展。而表 5－7 中综合环境承载力较差的欠发达地区，更应该切实落实科学发展观，重视经济发展与生态环境建设的有机结合，在经济发展的基础上，加强对污染排放的监管力度，控制高耗能、高污染行业的过快增长，积极推进产业结构优化调整，结合自身特色优势大力发展生态经济，促进传统产业升级，真正实现又好又快发展。与此同时，由于广大落后地区的发展对全面小康社会建设至关重要，中央政府应该实行向欠发达地区倾斜的积极政策，加大对西部地区的环境治理投入，推进资源性产品价格与环保税费改革，完善生态补偿机制，缩小区域差距，实现生态文明的区域协调发展战略目标。

第6章

工业区域布局的全要素生产率增长研究

全要素生产率最早是由罗伯特·M. 索罗（Robert M. Solow）提出的，用来衡量投入—产出转化效率的指标，表现为总产量与全部要素投入量的比率。产出增长率超出全要素投入增长率的部分则称为全要素生产率增长率。全要素生产率增长率是物质要素投入以外的其他因素的变动或者改善所产生的产出增长率，这其中涉及效率改善、技术进步和规模效应等因素。随着资源的开发、经济的发展，人们对原料、能源的需求日益增大，单纯依靠增大要素投入带动经济增长的发展方式已经逐步开始被人们摒弃，通过技术改造、精细化生产，降低单位产出所消耗的要素投入正成为各经济实体追求的经济效益目标。同时，全要素生产率增长率作为描述全要素生产率随时间变动的矢量，通过对全要素生产率增长率的观察可以大体判断出该行业发展趋势。

本章拟采用非中性技术进步超越随机前沿模型，对 2003—2008 年中国 31 个省、直辖市、自治区 17 类污染型行业的面板数据进行分析，测算各行业在各省份的全要素生产率增长率情况。

6.1 研究方法与数据来源

随机前沿函数是由艾格纳、洛弗尔和施密特（Aigner，Lovell and Schmidt，1977），缪森和范·德·布罗克（Meeusen and van den Broeck，1977）年提出的。早期的研究中，随机前沿模型主要应用于横截面数据，皮特和李（Pitt and Lee，1981），昆伯卡（Kumbhakar，1990）、贝泰斯和寇里（Battese and Coelli，1992，1995）等逐渐发展为使用面板数据。本章在贝泰斯和寇里（1992）模型基础上，运用非中性技术进步超越随机前沿模型研究 2003—2008 年 17 类污染型行业在中国 31 个省、直辖市、自治区的全要素生产率增长率情况。

非中性技术进步超越随机前沿模型：

$$\ln y_{it} = \alpha_0 + \alpha_l \ln L_{it} + \alpha_k \ln K_{it} + \alpha_t t + \frac{1}{2}\alpha_{ll}(\ln L_{it})^2 +$$

$$\alpha_{lk}\ln L_{lt}\ln K_{kt} + \frac{1}{2}\alpha_{kk}(\ln K_{it})^2 + \alpha_{lt}\ln L_{it}t + \alpha_{kt}\ln K_{it}t + \frac{1}{2}\alpha_{tt}t^2 + v_{it} -$$

$$\mu_{it}(i=1,2,\cdots,N;\ t=1,2,\cdots,T)。 \hspace{2cm} ①$$

式①中，$\ln y_{it}$ 表示 GDP 的对数，i 表示第 i 个省份，N 取 31；

t 为年份编号，且 $T=6$；L_{it} 和 K_{it} 分别表示劳动力和资本；α 为待估计的参数。式①的误差项分别由 v_{it} 和 u_{it} 两部分组成：其中，v_{it} 是经典的随机误差，且服从正态分布 $N(0,\sigma_v^2)$；u_{it} 是第 i 个省份在 t 年生产无效率的随机变量，假设服从：

$$u_{it} = u_i \exp[-\eta(t-T)]$$

6.1.1　生产效率

假设 u_i 服从非负断尾正态分布（Truncations at Zero），即：$u_i \sim N^+(\mu,\sigma_u^2)$，用来表示生产效率的变化率。第 i 个省份在第 t 个年份的生产效率表示为：

$$TE_{ijt} = \exp(-u_{it})$$

其中，无效率项 u_{it} 一般为正，并介于 0 和 1 之间。当 $u_{it}=0$ 时，存在完全的生产效率，当 $u_{it}=1$ 时，存在完全的生产无效率。

6.1.2　技术进步率

昆伯卡（2000）提出技术进步率可定义为：

$$TP_{it} = \frac{\partial \ln y_{it}}{\partial t} = \alpha_t + \alpha_{ut}t + \alpha_{lt}\ln L_{it} + \alpha_{kt}\ln K_{it}$$

其中，$\alpha_t + \alpha_{ut}t$ 表示由于技术外溢，各个地区共同的技术变化，$\alpha_{lt}\ln L_{it}$ 和 $\alpha_{kt}\ln K_{it}$ 则表示非中性的技术进步，在不同时期，由于各地区自身条件不同，技术进步也在发生变化。

6.1.3　规模效应

$$SE = (E-1)\left(\frac{E_l}{E}\dot{L} + \frac{E_k}{E}\dot{K}\right)$$

其中, E 为规模总报酬弹性, $\dot{L}$ 和 $\dot{K}$ 分别表示劳动和资本投入的增长率, E_l 和 E_k 则分别代表劳动力和资本这两种要素的产出弹性:

$$E_l = \frac{\partial \ln y}{\partial \ln L} = \alpha_l + \alpha_{ll}\ln L + \alpha_{lt}t + \alpha_{lk}\ln K$$

$$E_k = \frac{\partial \ln y}{\partial \ln K} = \alpha_k + \alpha_{kk}\ln K + \alpha_{kt}t + \alpha_{lk}\ln L$$

$$E = E_l + E_k$$

6.1.4 全要素生产率增长率

昆伯卡全要素生产率增长率的分解公式:

$$\dot{TFP}_{it} = \dot{TE}_{it} + TP_{it} + SE$$

其中, $\dot{TFP}_{it}$ 代表全要素生产率增长率, $\dot{TE}_{it}$ 为生产效率变化率, TP_{it} 为技术进步率, SE 为规模效应。

6.1.5 指标选取及数据来源

在生产函数上, 我们使用较为灵活的超越随机前沿函数, 而在数据处理上, 本章选取了 2003 年至 2008 年 31 个省、直辖市和自治区 17 类污染型行业的相关数据。这些基础数据来自各年的《中国统计年鉴》和《中国工业统计年鉴》。其中, 总产出用 1990 年不变价的 GDP 来衡量, 投入共选取劳动力和资本两类生产要素, 其中劳动力由社会总就业人员表示, 资本由固定资产净值年均余额表示。

6.2 实证分析结果

应用非中性技术进步超越随机前沿模型分别计算出本书所界定的 17 类污染型行业从 2003 年到 2008 年历年在全国各省、直辖市和自治区的生产效率、生产效率进步率、技术进步率和规模效应，并根据昆伯卡全要素生产率增长率的分解公式测算出相应的全要素生产率增长率。为便于研究，以下对各行业生产效率、生产效率进步率、技术进步率、规模效应和全要素生产率增长率的分析皆取 2003 年到 2008 年的年均值。

6.2.1 煤炭开采与洗选业

从表 6 - 1 可以看到，大部分东部省份煤炭开采与洗选业生产效率相对都比较高，其次是东北和中西部地区。从生产效率进步率来看，各地区增长都有所放慢，其中东部和西部地区最为明显。技术进步率全国相差不大，其中天津、内蒙古、辽宁、浙江、安徽、山东、陕西、甘肃、青海、宁夏等省份相对增长较快。规模效应除天津、福建、湖北、广西、云南、青海、宁夏和新疆为负外，其他省份都为正值，规模产出效应明显。从煤炭开采与洗选业总的全要素生产率增长率来看，东部和西部地区相对较高，东北和中部地区居次。

表 6-1　煤炭开采与洗选业全要素生产率增长率分解

	生产效率	生产效率进步率	技术进步率	规模效应	全要素生产率增长率
北　京	0.894823	-0.00701	0.136017	0.000324	0.129330
天　津	0.632123	-0.02878	0.284143	-0.151005	0.104361
河　北	0.415863	-0.05448	0.159872	0.001911	0.107304
山　西	0.340595	-0.06654	0.154451	0.030933	0.118848
内蒙古	0.553532	-0.03699	0.189912	0.010730	0.163654
辽　宁	0.373542	-0.06098	0.162958	0.002920	0.104902
吉　林	0.392009	-0.05806	0.1416	0.001503	0.085043
黑龙江	0.313665	-0.07147	0.138394	0.011535	0.078456
上　海					
江　苏	0.432704	-0.05207	0.160567	0.000830	0.109330
浙　江	0.302209	-0.0737	0.180359	0.052074	0.158737
安　徽	0.359348	-0.06331	0.166209	0.012674	0.115571
福　建	0.49176	-0.04426	0.125433	-0.011102	0.070073
江　西	0.423453	-0.05338	0.132991	0.001402	0.081011
山　东	0.415903	-0.05447	0.161522	0.007644	0.114693
河　南	0.382737	-0.05951	0.147278	0.015940	0.103711
湖　北	0.347655	-0.0653	0.131252	-0.012776	0.053173
湖　南	0.466364	-0.0475	0.112466	0.009476	0.074442
广　东					
广　西	0.337778	-0.06703	0.147072	-0.008313	0.071724
海　南					
重　庆	0.392878	-0.05793	0.122727	0.006769	0.071571
四　川	0.415361	-0.05455	0.113404	0.021889	0.080740
贵　州	0.37772	-0.0603	0.151763	0.014700	0.106159
云　南	0.412438	-0.05498	0.143997	-0.001741	0.087275
陕　西	0.470572	-0.04695	0.179994	0.007874	0.140916
甘　肃	0.356666	-0.06376	0.164432	0.000545	0.101214
青　海	0.356243	-0.06383	0.178541	-0.019582	0.095125
宁　夏	0.443249	-0.0506	0.171545	-0.000738	0.120206
新　疆	0.369736	-0.06159	0.166083	-0.003417	0.101071

　　注：因统计年鉴数据缺失，无法测算上海、广东和海南的煤炭开采与洗选业全要素生产率增长率分解。

6.2.2　黑色金属开采业

从表 6-2 可以看出东部地区黑色金属开采业的生产效率相对比较高，其次是东北和中西部地区，但从生产效率进步率来看，东部地区增长放慢，中西部不少省份进步相对较快。技术进步率全国相差不大，河北、安徽、山东、四川、云南等几个省份增长较快。规模效应除海南、重庆、陕西和青海为正外，其他省份都为负值，说明大部分省份还需进一步提升黑色金属开采业的规模产出效应。从加总效果来看，东部地区黑色金属开采业的全要素生产率增长率相对较高，中西部地区次之。

表 6-2　黑色金属开采业全要素生产率增长率分解

	生产效率	生产效率进步率	技术进步率	规模效应	全要素生产率增长率
北　京	0.765107	0.00433	0.11788	−0.00315	0.11906
天　津					
河　北	0.896794	0.00175	0.16261	−0.00373	0.16063
山　西	0.709647	0.00556	0.14219	−0.00307	0.14468
内蒙古	0.752094	0.00461	0.14194	−0.01569	0.13086
辽　宁	0.702342	0.00573	0.15187	−0.00357	0.15403
吉　林	0.655477	0.00686	0.13618	−0.00754	0.13550
黑龙江	0.506969	0.01106	0.11911	−0.02916	0.10101
上　海					
江　苏	0.717529	0.00538	0.13010	−0.00005	0.13543
浙　江	0.956398	0.00072	0.11511	−0.00427	0.11155
安　徽	0.547763	0.00979	0.14501	−0.00072	0.15408

续表

	生产效率	生产效率进步率	技术进步率	规模效应	全要素生产率增长率
福　建	0.828008	0.00305	0.13061	−0.00712	0.12654
江　西	0.71534	0.00543	0.12748	−0.00114	0.13176
山　东	0.847399	0.00267	0.14988	−0.00680	0.14576
河　南	0.757778	0.00449	0.13263	−0.00802	0.12911
湖　北	0.685786	0.00612	0.13494	−0.00397	0.13709
湖　南	0.674567	0.00639	0.12664	−0.00386	0.12918
广　东	0.811887	0.00337	0.13178	−0.00911	0.12604
广　西	0.626814	0.00759	0.12481	−0.00091	0.13149
海　南	0.558458	0.00947	0.13224	0.00485	0.14656
重　庆	0.535259	0.01017	0.12068	0.00397	0.13482
四　川	0.660726	0.00673	0.13932	−0.00949	0.13656
贵　州	0.483539	0.01183	0.10988	−0.06540	0.05631
云　南	0.646265	0.00709	0.14525	−0.02985	0.12249
西　藏	0.447495	0.01311	0.11512	−0.04041	0.08781
陕　西	0.535006	0.01018	0.11712	0.00205	0.12935
甘　肃	0.528508	0.01038	0.11977	−0.00330	0.12686
青　海	0.683126	0.00618	0.09439	0.00073	0.10130
宁　夏					
新　疆	0.771547	0.00420	0.13180	−0.01889	0.11711

注：因统计年鉴数据缺失，无法测算天津、上海和宁夏的黑色金属开采业全要素生产率增长率分解。

6.2.3　有色金属开采业

从表6-3可以看出，东部地区有色金属开采业的生产效率相对比较高，其次是中西部地区，但从生产效率进步率来看，东部地区增长放慢，中西部不少省份进步相对较快。技术进步率增长较快的省份仍然集中在东部和中部地区。规模效应除河北、山西、福建、重庆、贵州、青海和新疆为正外，其他省份都为负值，说明许多具备资源禀赋优势的省份还需大力发展集聚经济，进一步提升资源禀赋优势的规模产出效应。从加总效果来看，重庆、贵州、西藏、吉林、黑龙江、山西和河北有色金属开采业的全要素生产率增长率相对较高。

表 6 -3　有色金属开采业全要素生产率增长率分解

	生产效率	生产效率进步率	技术进步率	规模效应	全要素生产率增长率
北　京					
天　津					
河　北	0.46750	0.097206	0.018711	0.00129	0.11720
山　西	0.43358	0.107545	0.021524	0.00799	0.13706
内蒙古	0.53876	0.078088	0.003293	−0.01063	0.07076
辽　宁	0.55590	0.073931	0.003857	−0.01718	0.06061
吉　林	0.44355	0.104411	0.017786	−0.00011	0.12209
黑龙江	0.47366	0.095422	0.024032	−0.00216	0.11729
上　海					
江　苏	0.63926	0.055645	0.038484	−0.00146	0.09267
浙　江	0.65828	0.051861	0.026129	−0.00153	0.07646
安　徽	0.53749	0.078403	0.020729	−0.00155	0.09758
福　建	0.62447	0.058678	0.022036	0.00088	0.08159
江　西	0.55129	0.075034	0.00411	−0.01522	0.06393
山　东	0.65970	0.051586	−0.00732	−0.00298	0.04129
河　南	0.70103	0.043808	−0.00615	−0.01183	0.02583
湖　北	0.50639	0.086381	0.018548	−0.00383	0.10110

续表

	生产效率	生产效率进步率	技术进步率	规模效应	全要素生产率增长率
湖　南	0.59988	0.063913	0.001474	−0.02094	0.04445
广　东	0.59965	0.063961	0.01376	−0.00133	0.07639
广　西	0.51829	0.083261	0.01089	−0.00483	0.08932
海　南	0.91994	0.009991	0.04543	−0.01836	0.03706
重　庆	0.49536	0.08935	0.064752	0.04831	0.20242
四　川	0.50638	0.086384	0.008148	−0.01201	0.08252
贵　州	0.48367	0.092583	0.026315	0.01066	0.12955
云　南	0.52022	0.082765	0.000855	−0.00462	0.07900
西　藏	0.48411	0.092458	0.035164	−0.00718	0.12044
陕　西	0.55967	0.073035	0.004271	−0.00024	0.07706
甘　肃	0.54894	0.075601	0.014368	−0.00128	0.08869
青　海	0.56577	0.071602	0.009129	0.00188	0.08261
宁　夏					
新　疆	0.54845	0.075719	0.01824	0.01231	0.10627

注：因统计年鉴数据缺失，无法测算北京、天津、上海和宁夏的有色金属开采业全要素生产率增长率分解。

6.2.4 农副产品加工业

从表6-4可以看出，东部地区农副产品加工业的生产效率相对比较高，其次是东北和中西部地区，但从生产效率进步率来看，东部地区增长放慢，中西部不少省份进步相对较快。技术进步率全国相差不大，西部如青海、宁夏、新疆等几个省份增长较快。规模效应除天津和青海为正外，其他省份都为负值，说明大部分省份还需大力发展集聚经济，进一步提升农副产品加工业的规模产出效应。从加总效果来看，东部地区农副产品加工业的全要素生产率增长率相对较高，东北和西部地区次之，中部地区相对较弱。中部地区作为农业大省，有待进一步发挥资源禀赋优势，提升技术水平，全面提高生产效益。

表 6-4　农副产品加工业全要素生产率增长率分解

	生产效率	生产效率进步率	技术进步率	规模效应	全要素生产率增长率
北　京	0.82444	-0.00072	0.059916	-0.00249	0.05671
天　津	0.91707	-0.00032	0.073054	0.00192	0.07465
河　北	0.95922	-0.00016	0.058762	-0.00417	0.05443
山　西	0.59950	-0.00191	0.070183	-0.00397	0.06430
内蒙古	0.83286	-0.00068	0.061169	-0.00627	0.05422
辽　宁	0.86056	-0.00056	0.057406	-0.00764	0.04920
吉　林	0.82922	-0.00070	0.071014	-0.01029	0.06003
黑龙江	0.77575	-0.00095	0.065601	-0.00711	0.05754
上　海	0.94602	-0.00021	0.065884	-0.00194	0.06374
江　苏	0.98628	-0.00005	0.056371	-0.00404	0.05228
浙　江	0.87542	-0.00050	0.058573	-0.00312	0.05495
安　徽	0.83589	-0.00067	0.053618	-0.00598	0.04697
福　建	0.85734	-0.00058	0.051247	-0.00363	0.04704
江　西	0.82255	-0.00073	0.058158	-0.01104	0.04639
山　东	0.93392	-0.00026	0.045397	-0.00227	0.04287
河　南	0.93045	-0.00027	0.047758	-0.00351	0.04398
湖　北	0.81723	-0.00075	0.056115	-0.00500	0.05036
湖　南	0.86490	-0.00054	0.056132	-0.00719	0.04840
广　东	0.97099	-0.00011	0.056912	-0.00300	0.05380
广　西	0.77733	-0.00094	0.064927	-0.00342	0.06057
海　南	0.64864	-0.00162	0.057941	-0.00305	0.05328
重　庆	0.81646	-0.00076	0.054967	-0.00834	0.04587
四　川	0.98804	-0.00004	0.04817	-0.00565	0.04247
贵　州	0.69335	-0.00137	0.059258	-0.00170	0.05619
云　南	0.60609	-0.00187	0.065565	-0.00043	0.06326
西　藏	0.33481	-0.00409	0.10364	-0.00622	0.09333
陕　西	0.76352	-0.00101	0.058293	-0.00508	0.05221
甘　肃	0.55363	-0.00221	0.067805	-0.00388	0.06172
青　海	0.51572	-0.00248	0.078083	0.00102	0.07663
宁　夏	0.63208	-0.00172	0.078486	-0.00833	0.06845
新　疆	0.70971	-0.00128	0.070308	-0.00341	0.06561

6.2.5 食品制造业

从表 6-5 可以看出，食品制造业生产效率仍旧是东部较高，其次是东北和中西部地区，但就生产效率进步率来看，中西部地区远远快于东部地区。技术进步率也是中西部地区快于东部地区。规模效应除天津、海南、甘肃、青海以外都为正，其中内蒙古、辽宁、吉林、安徽、江西规模效应最为明显。从总的全要素生产率增长率来看东北和中西部地区都要高于东部地区。

表 6-5　食品制造业全要素生产率增长率分解

	生产效率	生产效率进步率	技术进步率	规模效应	全要素生产率增长率
北　京	0.68975	0.03656	0.01944	0.00506	0.06106
天　津	0.73322	0.03042	0.030349	-0.00450	0.05627
河　北	0.72530	0.03151	0.008674	0.00766	0.04785
山　西	0.65074	0.04245	0.024519	0.00350	0.07047
内蒙古	0.94548	0.00539	0.025136	0.01395	0.04448
辽　宁	0.65047	0.04249	0.01816	0.01512	0.07577
吉　林	0.70018	0.03505	0.039217	0.01528	0.08955
黑龙江	0.74180	0.02926	0.020059	0.00271	0.05203
上　海	0.73424	0.03028	0.013941	0.00459	0.04881
江　苏	0.69922	0.03519	0.011935	0.00607	0.05319
浙　江	0.68316	0.03753	0.0093	0.00709	0.05392
安　徽	0.60143	0.05049	0.022925	0.01153	0.08495
福　建	0.69588	0.03567	0.001437	0.00955	0.04666
江　西	0.66276	0.04059	0.019486	0.01321	0.07329
山　东	0.65591	0.04165	-0.00486	0.02541	0.06219

续表

	生产效率	生产效率进步率	技术进步率	规模效应	全要素生产率增长率
河　南	0.66758	0.03986	−0.00355	0.01678	0.05310
湖　北	0.63291	0.04528	0.012037	0.00692	0.06423
湖　南	0.76233	0.02654	0.003201	0.00942	0.03916
广　东	0.67631	0.03855	−0.00034	0.00729	0.04550
广　西	0.63356	0.04517	0.014788	0.00064	0.06061
海　南	0.80800	0.02077	0.039574	−0.00153	0.05881
重　庆	0.69061	0.03643	0.024083	0.00264	0.06315
四　川	0.68991	0.03654	0.009498	0.01093	0.05696
贵　州	0.74171	0.02927	0.030829	0.00130	0.06141
云　南	0.62301	0.04688	0.031137	0.00122	0.07924
西　藏	0.63751	0.04454	0.094463	0.00742	0.14643
陕　西	0.69326	0.03605	0.021415	0.00413	0.06159
甘　肃	0.65349	0.04202	0.036608	−0.00030	0.07833
青　海	0.60745	0.04947	0.056712	−0.00999	0.09620
宁　夏	0.73799	0.02978	0.043062	0.00287	0.07570
新　疆	0.78997	0.02300	0.047087	0.00902	0.07911

6.2.6　饮料制造业

从表 6-6 可以看出，东部和中部地区饮料制造业生产效率都较高，东北和西部地区次之。而就生产效率进步率来看，正好相反，东北和西部地区远远快于东部和中部地区。同时，中西部地区技术进步率相对较高，规模效应在中部和东部地区比较明显。因此，从总的全要素生产率增长率来看，中西部地区要高于东部和东北地区。

表6-6 饮料制造业全要素生产率增长率分解

	生产效率	生产效率进步率	技术进步率	规模效应	全要素生产率增长率
北　京	0.79035	0.01724	0.026636	0.00292	0.04680
天　津	0.88804	0.00865	0.026851	0.00674	0.04224
河　北	0.78644	0.01761	0.034228	−0.00152	0.05032
山　西	0.75742	0.02040	0.048331	0.00338	0.07211
内蒙古	0.77780	0.01842	0.058101	0.00258	0.07911
辽　宁	0.75506	0.02063	0.030026	0.00783	0.05848
吉　林	0.72493	0.02366	0.026192	0.01208	0.06193
黑龙江	0.70785	0.02544	0.030405	0.00549	0.06134
上　海	0.95552	0.00330	0.016107	0.00495	0.02435
江　苏	0.88516	0.00889	0.042069	0.00778	0.05874
浙　江	0.82063	0.01446	0.023797	0.00491	0.04317
安　徽	0.71893	0.02428	0.04757	0.00132	0.07317
福　建	0.82638	0.01394	0.037505	0.00848	0.05993
江　西	0.77641	0.01856	0.050785	0.00647	0.07581
山　东	0.81872	0.01463	0.034738	0.00426	0.05363
河　南	0.83378	0.01328	0.043812	0.01422	0.07132
湖　北	0.85021	0.01185	0.035497	0.00940	0.05674
湖　南	0.80725	0.01567	0.044795	0.00519	0.06566
广　东	0.84478	0.01232	0.017839	0.01137	0.04153
广　西	0.77957	0.01826	0.038816	0.01059	0.06766
海　南	0.96826	0.00233	0.037036	0.00042	0.03979
重　庆	0.81278	0.01517	0.045516	0.00194	0.06263
四　川	0.73008	0.02313	0.018387	0.01403	0.05555
贵　州	0.83419	0.01325	0.041197	0.00483	0.05928
云　南	0.71569	0.02462	0.051475	0.00221	0.07830
西　藏	0.72519	0.02364	0.031451	−0.00048	0.05461
陕　西	0.76529	0.01963	0.029723	0.01249	0.06184
甘　肃	0.68575	0.02782	0.047278	0.00287	0.07797
青　海	0.67231	0.02931	0.056381	−0.00012	0.08557
宁　夏	0.76132	0.02001	0.064036	−0.00094	0.08311
新　疆	0.68135	0.02830	0.035667	−0.00008	0.06389

6.2.7　纺织业

从表6-7可以看出，东部地区纺织业生产效率相对较高，东北和中西部地区次之。而就生产效率进步率来看，西部地区远远快于其他地区。同时，中西部地区技术进步率相对较高，规模效应在中部和东部地区比较明显。因此，从总的全要素生产率增长率来看，东北和中西部地区要高于东部地区。

表6-7　纺织业全要素生产率增长率分解

	生产效率	生产效率进步率	技术进步率	规模效应	全要素生产率增长率
北　京	0.64596	0.00212	0.070911	-0.00188	0.07115
天　津	0.52057	0.00317	0.054515	0.00058	0.05827
河　北	0.61184	0.00238	0.061294	0.00076	0.06444
山　西	0.46656	0.00370	0.078352	-0.00302	0.07903
内蒙古	0.77216	0.00125	0.063836	-0.00035	0.06474
辽　宁	0.59358	0.00253	0.060334	-0.00079	0.06207
吉　林	0.56877	0.00274	0.072852	-0.00273	0.07286
黑龙江	0.48957	0.00347	0.078916	-0.00283	0.07955
上　海	0.64417	0.00213	0.061643	-0.00144	0.06234
江　苏	0.61715	0.00234	0.045118	0.00714	0.05460
浙　江	0.63921	0.00217	0.041715	0.00954	0.05343
安　徽	0.54250	0.00297	0.064866	-0.00017	0.06766
福　建	0.65060	0.00208	0.052439	0.00570	0.06022
江　西	0.58113	0.00263	0.07435	0.00586	0.08284
山　东	0.59828	0.00249	0.046356	0.00685	0.05569
河　南	0.57349	0.00270	0.061502	0.00336	0.06756
湖　北	0.53595	0.00303	0.064441	0.00015	0.06762

续表

	生产效率	生产效率进步率	技术进步率	规模效应	全要素生产率增长率
湖　南	0.59635	0.00251	0.075099	0.00345	0.08105
广　东	0.57293	0.00270	0.052996	0.01124	0.06694
广　西	0.55742	0.00284	0.085063	0.00400	0.09190
海　南	0.53999	0.00299	0.065737	0.01915	0.08787
重　庆	0.57510	0.00268	0.081161	−0.00171	0.08214
四　川	0.59717	0.00250	0.071375	0.00298	0.07686
贵　州	0.44397	0.00394	0.090893	−0.00080	0.09404
云　南	0.40191	0.00443	0.08106	−0.00129	0.08420
陕　西	0.44881	0.00389	0.072187	−0.00306	0.07302
甘　肃	0.48580	0.00350	0.077894	−0.00012	0.08128
青　海	0.51688	0.00320	0.079802	−0.00986	0.07314
宁　夏	0.96128	0.00019	0.072117	−0.00296	0.06934
新　疆	0.51212	0.00325	0.060137	0.00065	0.06403

注：因统计年鉴数据缺失，无法测算西藏的纺织业全要素生产率增长率分解。

6.2.8　皮革毛皮羽毛制品业

从表6-8可以看出，各地区皮革毛皮羽毛制品业的生产效率相差不大，而就生产效率进步率来看，西部地区要快于其他地区。同时，东北和西部地区技术进步率相对较高，规模效应在中部地区比较明显。因此，从皮革毛皮羽毛制品业总的全要素生产率增长率来看，东北和西部地区要高于东部和中部地区。

表 6-8　皮革毛皮羽毛制品业全要素生产率增长率分解

	生产效率	生产效率进步率	技术进步率	规模效应	全要素生产率增长率
北　京	0.70379	−0.02003	0.057596	0.00004	0.03761
天　津	0.71027	−0.01951	0.060509	−0.00047	0.04053
河　北	0.97534	−0.00143	0.059339	0.00109	0.05900
山　西	0.40494	−0.05091	0.058621	0.00592	0.01362
内蒙古	0.69693	−0.02058	0.080991	−0.00099	0.05942
辽　宁	0.84136	−0.00987	0.059851	0.00041	0.05039
吉　林	0.71549	−0.01909	0.064016	−0.00235	0.04257
黑龙江	0.70286	−0.02010	0.088596	0.00060	0.06910
上　海	0.72515	−0.01833	0.060824	0.00017	0.04266
江　苏	0.76502	−0.01529	0.053659	0.00080	0.03917
浙　江	0.72060	−0.01869	0.054515	0.00288	0.03870
安　徽	0.73455	−0.01760	0.055227	0.00138	0.03901
福　建	0.61121	−0.02799	0.048004	0.00379	0.02381
江　西	0.60388	−0.02867	0.049068	0.00422	0.02463
山　东	0.79490	−0.01311	0.058497	0.00183	0.04722
河　南	0.90464	−0.00572	0.069793	0.00198	0.06605
湖　北	0.71200	−0.01937	0.052196	0.00007	0.03290
湖　南	0.80213	−0.01260	0.055856	0.00144	0.04470
广　东	0.55148	−0.03376	0.043979	0.00359	0.01381
广　西	0.80785	−0.01219	0.046011	0.00128	0.03510
海　南	0.76902	−0.01500	0.035145	0.00321	0.02336
重　庆	0.81260	−0.01186	0.047376	0.00152	0.03704
四　川	0.81738	−0.01152	0.05826	0.00376	0.05049
贵　州					
云　南					
西　藏					
陕　西	0.49364	−0.03994	0.072387	0.00067	0.03311
甘　肃	0.76162	−0.01555	0.075883	0.00021	0.06055
青　海					
宁　夏	0.80069	−0.01270	0.082961	0.00127	0.07153
新　疆	0.74731	−0.01662	0.093857	−0.00007	0.07716

　　注：因统计年鉴数据缺失，无法测算贵州、云南、西藏和青海的皮革毛皮羽毛制品业全要素生产率增长率分解。

6.2.9 造纸业

从表6-9可以看出，东部和中部地区造纸业的生产效率相对比较高，其次是东北和西部地区，但从生产效率进步率来看，西部不少省份进步相对较快。技术进步率全国相差不大，山西、四川、贵州等几个省份增长较快。规模效应西部地区多为负值，说明西部大部分省份还需大力发展集聚经济，进一步提升造纸业的规模产出效应。从加总效果来看，中部和西部地区造纸业的全要素生产率增长率相对较高，东部和东北地区次之。

表6-9　造纸业全要素生产率增长率分解

	生产效率	生产效率进步率	技术进步率	规模效应	全要素生产率增长率
北　京	0.98098	0.00054	0.055021	0.00216	0.05772
天　津	0.85410	0.00443	0.056465	0.00030	0.06120
河　北	0.88917	0.00330	0.060989	0.00005	0.06434
山　西	0.70966	0.00968	0.061809	0.00042	0.07191
内蒙古	0.77916	0.00703	0.057062	0.00015	0.06425
辽　宁	0.76519	0.00755	0.056664	0.00084	0.06505
吉　林	0.73186	0.00881	0.048562	0.00188	0.05925
黑龙江	0.70116	0.01003	0.052341	-0.00240	0.05997
上　海	0.94997	0.00144	0.051032	0.00225	0.05472
江　苏	0.85906	0.00427	0.042878	0.00293	0.05008
浙　江	0.94503	0.00158	0.05562	-0.00086	0.05634
安　徽	0.84600	0.00470	0.057608	0.00191	0.06422
福　建	0.88248	0.00351	0.05772	-0.00004	0.06120

续表

	生产效率	生产效率进步率	技术进步率	规模效应	全要素生产率增长率
江　西	0.81284	0.00583	0.051613	0.00675	0.06420
山　东	0.95301	0.00135	0.052371	−0.00088	0.05284
河　南	0.94697	0.00152	0.060871	−0.00133	0.06106
湖　北	0.89100	0.00324	0.058451	0.00029	0.06198
湖　南	0.83384	0.00511	0.054324	0.00262	0.06206
广　东	0.93127	0.00199	0.059373	−0.00351	0.05786
广　西	0.70001	0.01007	0.051292	0.00181	0.06317
海　南	0.77832	0.00706	0.022245	0.08918	0.11849
重　庆	0.86928	0.00394	0.062346	0.01098	0.07727
四　川	0.79919	0.00631	0.061934	−0.00007	0.06818
贵　州	0.72890	0.00892	0.069201	−0.00227	0.07585
云　南	0.77365	0.00723	0.050365	0.00100	0.05860
陕　西	0.63248	0.01296	0.066115	−0.00007	0.07901
甘　肃	0.60254	0.01434	0.065285	−0.00148	0.07815
青　海	0.70924	0.00970	0.055737	−0.00826	0.05718
宁　夏	0.66800	0.01140	0.05624	0.00114	0.06878
新　疆	0.69715	0.01019	0.054478	−0.00111	0.06356

注：因统计年鉴数据缺失，无法测算西藏的造纸业全要素生产率增长率分解。

6.2.10　化学原料及化学制品制造业

从表6-10可以看出，东部地区化学原料及化学制品制造业的生产效率相对比较高，其次是东北和中西部地区，但从生产效率进步率来看，东部地区增长放慢，中西部不少省份进步相对较快。技术进步率全国相差不大，西部如青海、宁夏、新疆等几个省份增长较快。规模效应除北京、天津、江苏、山东和湖南为负外，其他省份都为正值，说明在大部分省份化学原料及化学制品制造业的规模产出效应还是比较明显。从加总的全要素生产率增长率来看，中西部地区相对较高，东北和东北地区其次。

表 6 −10　化学原料及化学制品制造业全要素生产率增长率分解

	生产效率	生产效率进步率	技术进步率	规模效应	全要素生产率增长率
北　京	0.88962	0.00934	0.043235	−0.00152	0.05106
天　津	0.85775	0.01229	0.045094	−0.00016	0.05722
河　北	0.76533	0.02155	0.049638	0.00023	0.07141
山　西	0.60069	0.04157	0.047955	0.00054	0.09007
内蒙古	0.68643	0.03048	0.045053	0.00385	0.07938
辽　宁	0.74844	0.02337	0.046636	0.00116	0.07117
吉　林	0.80622	0.01730	0.04363	0.00185	0.06278
黑龙江	0.69401	0.02957	0.043805	0.00117	0.07455
上　海	0.94327	0.00465	0.044638	0.00528	0.05456
江　苏	0.96480	0.00284	0.051042	−0.00001	0.05387
浙　江	0.94787	0.00426	0.048976	0.00141	0.05465
安　徽	0.76662	0.02141	0.047495	0.00099	0.06989
福　建	0.82931	0.01501	0.044647	0.00202	0.06168
江　西	0.63136	0.03742	0.048519	0.00109	0.08703
山　东	0.90044	0.00837	0.052067	−0.00140	0.05904
河　南	0.73833	0.02448	0.049937	0.00050	0.07492
湖　北	0.74282	0.02399	0.048581	0.00103	0.07360
湖　南	0.60419	0.04109	0.052308	−0.00107	0.09233
广　东	0.97761	0.00180	0.049149	0.00145	0.05239
广　西	0.67333	0.03207	0.047782	0.00024	0.08010
海　南	0.88262	0.00998	0.032615	0.01649	0.05909

续表

	生产效率	生产效率进步率	技术进步率	规模效应	全要素生产率增长率
重 庆	0.68909	0.03016	0.045714	0.00189	0.07777
四 川	0.70397	0.02840	0.049765	0.00003	0.07820
贵 州	0.67727	0.03159	0.044765	0.00141	0.07777
云 南	0.72710	0.02574	0.045415	0.00081	0.07197
西 藏	0.56496	0.04672	0.028816	0.00418	0.07972
陕 西	0.60468	0.04102	0.045785	0.00046	0.08726
甘 肃	0.58834	0.04331	0.046409	0.00048	0.09020
青 海	0.64345	0.03584	0.038685	0.01202	0.08654
宁 夏	0.68533	0.03061	0.041921	0.00420	0.07673
新 疆	0.69948	0.02893	0.041818	0.00827	0.07902

6.2.11 石油加工炼焦燃料工业

从表6-11可以看出，东部地区石油加工炼焦燃料工业的生产效率相对比较高，其次是东北和中西部地区，但从生产效率进步率来看，东部地区增长放慢，东北和西部不少省份进步相对较快。技术进步率东部地区增长较快。规模效应除黑龙江和上海为正外，其他省份都为负值，说明大部分省份还需大力发展集聚经济，进一步提升石油加工炼焦燃料工业的规模产出效应。从石油加工炼焦燃料工业总的全要素生产率增长率来看，东部地区相对较高，东北和中西部地区次之。

表 6 -11　石油加工炼焦燃料工业全要素生产率增长率分解

	生产效率	生产效率进步率	技术进步率	规模效应	全要素生产率增长率
北　京	0.82374	0.01668	0.051517	-0.01639	0.05180
天　津	0.75419	0.02440	0.057734	-0.01107	0.07106
河　北	0.73956	0.02612	0.043948	-0.02431	0.04576
山　西	0.59395	0.04568	0.039393	-0.03855	0.04652
内蒙古	0.55072	0.05253	0.029103	-0.01891	0.06272
辽　宁	0.97534	0.00212	0.057265	-0.00390	0.05548
吉　林	0.58641	0.04684	0.03065	-0.00775	0.06974
黑龙江	0.72668	0.02767	0.051909	0.00211	0.08170
上　海	0.84279	0.01469	0.067217	0.00122	0.08313
江　苏	0.89010	0.00995	0.048117	-0.00972	0.04835
浙　江	0.97372	0.00226	0.065549	-0.00029	0.06751
安　徽	0.71442	0.02918	0.05044	-0.00277	0.07685
福　建	0.79728	0.01953	0.053656	-0.00524	0.06794
江　西	0.68906	0.03238	0.046517	-0.00375	0.07515
山　东	0.90269	0.00874	0.049775	-0.03299	0.02553
河　南	0.72310	0.02811	0.043802	-0.00841	0.06351
湖　北	0.83335	0.01567	0.043194	-0.00085	0.05801
湖　南	0.70114	0.03084	0.039985	-0.00034	0.07117
广　东	0.96669	0.00287	0.066988	-0.01529	0.05458
广　西	0.67756	0.03388	0.039737	-0.00238	0.07124
海　南					
重　庆	0.45835	0.06941	0.004314	-0.00721	0.06651
四　川	0.54417	0.05362	0.024141	-0.02469	0.05308
贵　州	0.44642	0.07187	0.000721	-0.01057	0.06202
云　南	0.45985	0.06911	0.02526	-0.02979	0.06458
陕　西	0.75071	0.02481	0.042705	-0.01785	0.04966
甘　肃	0.71559	0.02903	0.048926	-0.01475	0.06320
青　海					
宁　夏	0.59499	0.04552	0.018904	-0.00571	0.05872
新　疆	0.74951	0.02495	0.058436	-0.00661	0.07677

　　注：因统计年鉴数据缺失，无法测算海南、西藏和青海的石油加工炼焦燃料工业全要素生产率增长率分解。

6.2.12　医药制造业

从表 6-12 可以看出，除西部几个省份外，其他省份医药制造业的生产效率都比较高，但从生产效率进步率来看，东部地区增长放慢，中西部不少省份进步相对较快。技术进步率全国相差不大，安徽、江西、四川和贵州几个省份增长较快。西部大部分地区规模效应都为负值，说明这些省份还需大力发展集聚经济，进一步提升医药制造业的规模产出效应。从总的全要素生产率增长率来看，中部和东部地区相对较高，东北和西部地区其次。

表 6-12　医药制造业全要素生产率增长率分解

	生产效率	生产效率进步率	技术进步率	规模效应	全要素生产率增长率
北　京	0.95055	0.00123	0.040679	0.00405	0.04595
天　津	0.93551	0.00161	0.036586	0.00137	0.03957
河　北	0.82530	0.00466	0.040805	0.00119	0.04666
山　西	0.74953	0.00701	0.049164	0.00092	0.05709
内蒙古	0.88749	0.00289	0.037614	-0.00140	0.03911
辽　宁	0.91050	0.00227	0.03974	0.00572	0.04773
吉　林	0.90536	0.00241	0.04077	0.00816	0.05134
黑龙江	0.80972	0.00512	0.045287	0.00242	0.05283
上　海	0.92778	0.00181	0.035171	0.00155	0.03854
江　苏	0.98102	0.00046	0.048916	0.01301	0.06239
浙　江	0.95173	0.00120	0.043167	0.00851	0.05287
安　徽	0.73207	0.00758	0.057069	0.00567	0.07033
福　建	0.96254	0.00092	0.047987	0.00076	0.04967

续表

		生产效率	生产效率进步率	技术进步率	规模效应	全要素生产率增长率
江	西	0.86019	0.00365	0.060025	0.00925	0.07293
山	东	0.92277	0.00195	0.048768	0.01641	0.06712
河	南	0.80732	0.00520	0.058672	0.00789	0.07175
湖	北	0.83160	0.00447	0.053855	0.00276	0.06109
湖	南	0.92608	0.00186	0.048672	0.00505	0.05558
广	东	0.95533	0.00111	0.045707	0.00554	0.05235
广	西	0.80146	0.00537	0.05002	0.00127	0.05666
海	南	0.98704	0.00031	0.034987	−0.00492	0.03038
重	庆	0.91051	0.00227	0.041061	0.00206	0.04539
四	川	0.88117	0.00307	0.051788	0.00875	0.06360
贵	州	0.98960	0.00025	0.057202	0.00038	0.05783
云	南	0.91021	0.00228	0.041858	−0.00044	0.04370
西	藏	0.75691	0.00677	0.04223	−0.00324	0.04576
陕	西	0.94270	0.00143	0.043753	0.00146	0.04664
甘	肃	0.81504	0.00496	0.052374	−0.00122	0.05611
青	海	0.71634	0.00811	0.041975	−0.01024	0.03985
宁	夏	0.72957	0.00767	0.019867	−0.02376	0.00377
新	疆	0.64266	0.01077	0.038853	−0.00279	0.04683

6.2.13 化学纤维制造业

从表6-13可以看出，东部地区化学纤维制造业的生产效率相对比较高，其次是东北和中西部地区，但从生产效率进步率来看，东部地区增长放慢，中部不少省份进步相对较快。技术进步率仍是东部几个省份增长较快。规模效应不少省份都为负值，说明大部分省份还需大力发展集聚经济，进一步提升化学纤维制造业的规模产出效应。从加总效果来看，东部地区化学纤维制造业的全要素生产率增长率相对较高，东北和中部地区其次，西部地区相对较弱（很多西部省份数据缺失，正是因为该行业的规模很小，难以统计或可以忽略不计，因此说西部地区总体相对较弱）。

表 6-13　化学纤维制造业全要素生产率增长率分解

	生产效率	生产效率进步率	技术进步率	规模效应	全要素生产率增长率
北　京	0.86144	0.00387	0.049864	-0.00535	0.04838
天　津	0.81579	0.00530	0.041966	0.00342	0.05069
河　北	0.78867	0.00619	0.038975	-0.00502	0.04014
山　西					
内蒙古					
辽　宁	0.65577	0.01107	0.031857	0.02175	0.06467
吉　林	0.76289	0.00707	0.058467	0.00210	0.06763
黑龙江					
上　海	0.95770	0.00112	0.068535	-0.00259	0.06706
江　苏	0.90480	0.00259	0.045759	0.01371	0.06206
浙　江	0.96881	0.00082	0.058377	0.02019	0.07939
安　徽	0.89917	0.00275	0.059039	0.00033	0.06212
福　建	0.96255	0.00099	0.068261	0.00710	0.07635
江　西	0.77239	0.00674	0.068674	0.00232	0.07774
山　东	0.80814	0.00555	0.041404	-0.00308	0.04387
河　南	0.76883	0.00686	0.043447	-0.00382	0.04649
湖　北	0.77318	0.00671	0.03321	-0.00206	0.03787
湖　南	0.85321	0.00412	0.036978	-0.00344	0.03766
广　东	0.91369	0.00233	0.04897	0.01055	0.06185

续表

	生产效率	生产效率进步率	技术进步率	规模效应	全要素生产率增长率
广　西					
海　南	0.83133	0.00480	0.104186	0.00309	0.11208
重　庆					
四　川	0.82415	0.00503	0.05315	0.00357	0.06175
贵　州	0.80435	0.00567	−0.1646	−0.09688	−0.25581
云　南					
西　藏					
陕　西					
甘　肃					
青　海					
宁　夏					
新　疆	0.89543	0.00286	0.039101	0.00003	0.04199

注：因统计年鉴数据缺失，无法测算山西、内蒙古、黑龙江、广西、重庆、西藏、云南、陕西、甘肃、青海和宁夏的化学纤维制造业全要素生产率增长率分解。

6.2.14　非金属矿物制品业

从表 6−14 可以看出，东北和东中部地区非金属矿物制品业的生产效率都比较高，西部地区则相对较弱。但从生产效率进步率来看，东北和东中部地区增长放慢，中西部绝大多数省份进步相对较快。技术进步率同样也是西部增长较快，如青海、宁夏、西藏、甘肃、贵州等。规模效应除黑龙江、湖南、甘肃和青海为负外，其他省份都为正值，规模产出效应明显。从加总效果来看，西部地区非金属矿物制品业的全要素生产率增长率相对较高，东北和中部地区其次，东部地区相对较弱。

表6－14　非金属矿物制品业全要素生产率增长率分解

	生产效率	生产效率进步率	技术进步率	规模效应	全要素生产率增长率
北　京	0.86884	0.00040	0.059847	0.00377	0.06402
天　津	0.95058	0.00014	0.062859	0.00534	0.06834
河　北	0.75210	0.00081	0.052541	0.00436	0.05771
山　西	0.60573	0.00143	0.070535	0.00095	0.07292
内蒙古	0.80216	0.00063	0.062449	0.01064	0.07372
辽　宁	0.83112	0.00053	0.052022	0.01187	0.06442
吉　林	0.79312	0.00066	0.06218	0.01108	0.07392
黑龙江	0.67630	0.00112	0.073623	−0.00050	0.07425
上　海	0.97900	0.00006	0.05357	0.00824	0.06187
江　苏	0.83837	0.00050	0.042514	0.01704	0.06006
浙　江	0.82071	0.00056	0.039566	0.01523	0.05536
安　徽	0.74966	0.00082	0.049297	0.01317	0.06329
福　建	0.87167	0.00039	0.063367	0.00469	0.06845
江　西	0.74590	0.00084	0.063197	0.01094	0.07497
山　东	0.89568	0.00031	0.041046	0.01459	0.05595
河　南	0.93523	0.00019	0.054977	0.00995	0.06512
湖　北	0.77138	0.00074	0.05833	0.00773	0.06680
湖　南	0.78666	0.00069	0.076538	−0.00125	0.07598
广　东	0.80712	0.00061	0.043599	0.01258	0.05679
广　西	0.67399	0.00113	0.070252	0.00177	0.07315
海　南	0.94926	0.00015	0.075862	0.00553	0.08154
重　庆	0.71886	0.00094	0.066797	0.00520	0.07294
四　川	0.75905	0.00079	0.062491	0.00386	0.06714
贵　州	0.63067	0.00132	0.083807	0.00009	0.08522
云　南	0.67961	0.00110	0.063384	0.00426	0.06875
西　藏	0.77969	0.00071	0.094287	0.00180	0.09680
陕　西	0.66591	0.00116	0.068901	0.00242	0.07248
甘　肃	0.65073	0.00123	0.078054	−0.00183	0.07745
青　海	0.66860	0.00115	0.104418	−0.00058	0.10499
宁　夏	0.77972	0.00071	0.080627	0.00044	0.08178
新　疆	0.76804	0.00075	0.067541	0.00091	0.06921

6.2.15 黑色金属冶炼压延工业

从表 6-15 可以看出，东部地区黑色金属冶炼压延工业的生产效率相对比较高，其次是东北和中西部地区，但从生产效率进步率来看，东部地区增长放慢，东北和中西部不少省份进步相对较快。中西部地区技术进步率增长较快，规模效应除北京、山西、辽宁、上海、四川和贵州为负外，其他省份都为正值，说明大部分省份黑色金属冶炼压延工业的规模产出效应明显。从加总效果来看，中西部地区黑色金属冶炼压延工业的全要素生产率增长率相对较高，东北和东部地区其次。

表 6-15　黑色金属冶炼压延工业全要素生产率增长率分解

	生产效率	生产效率进步率	技术进步率	规模效应	全要素生产率增长率
北　京	0.81140	0.01227	0.051366	−0.00150	0.06213
天　津	0.94108	0.00354	0.06742	0.00301	0.07396
河　北	0.81726	0.01184	0.092383	0.00272	0.10695
山　西	0.70834	0.02035	0.082721	−0.00053	0.10253
内蒙古	0.69899	0.02114	0.074629	0.00207	0.09784
辽　宁	0.67864	0.02291	0.080957	−0.00034	0.10353
吉　林	0.77086	0.01531	0.053019	0.00138	0.06970
黑龙江	0.66177	0.02442	0.063195	0.00113	0.08875
上　海	0.91330	0.00529	0.015935	−0.00609	0.01513
江　苏	0.97412	0.00152	0.078334	0.00228	0.08214
浙　江	0.88251	0.00731	0.073377	0.00683	0.08752
安　徽	0.73356	0.01826	0.057383	0.00059	0.07623
福　建	0.88840	0.00692	0.057528	0.00436	0.06881

续表

	生产效率	生产效率进步率	技术进步率	规模效应	全要素生产率增长率
江　西	0.75762	0.01634	0.069964	0.00315	0.08945
山　东	0.88359	0.00724	0.075407	0.00261	0.08525
河　南	0.77674	0.01486	0.083446	0.00277	0.10108
湖　北	0.66916	0.02375	0.069799	0.00142	0.09497
湖　南	0.69896	0.02114	0.071706	0.00293	0.09578
广　东	0.92119	0.00479	0.055999	0.00111	0.06189
广　西	0.79198	0.01370	0.066398	0.00493	0.08503
海　南	0.79681	0.01334	0.014943	0.00344	0.03172
重　庆	0.73557	0.01809	0.064425	0.00293	0.08545
四　川	0.63008	0.02737	0.086944	−0.00321	0.11110
贵　州	0.57488	0.03291	0.089851	−0.00229	0.12047
云　南	0.70103	0.02097	0.066355	0.00181	0.08913
西　藏					
陕　西	0.73446	0.01818	0.070038	0.00512	0.09334
甘　肃	0.66357	0.02425	0.067791	0.00111	0.09316
青　海	0.64951	0.02554	0.049984	0.00406	0.07959
宁　夏	0.63475	0.02692	0.067891	0.00747	0.10229
新　疆	0.83402	0.01064	0.047015	0.00393	0.06158

注：因统计年鉴数据缺失，无法测算西藏的黑色金属冶炼压延工业全要素生产率增长率分解。

6.2.16　有色金属冶炼压延工业

从表 6-16 可以看出，东部和中部地区有色金属冶炼压延工业的生产效率相对比较高，其次是东北和西部地区。从生产效率进步率来看，各地区增长都有所放慢，西部地区最为明显。技术进步率全国相差不大，其中山东和河南等几个省份增长较快。规模效应除北京和天津为正外，其他省份都为负值，说明大部分省份还需大力发展集聚经济，进一步提升有色金属冶炼压延工业的规模产出效应。从加总效果来看，东部和中部全要素生产率相对较高，东北和西部地区次之。东北和西部地区作为有色金属原料大省，有待进一步发挥资源禀赋优势，提升技术水平，全面提高生产效益。

表6-16　有色金属冶炼压延工业全要素生产率增长率分解

	生产效率	生产效率进步率	技术进步率	规模效应	全要素生产率增长率
北　京	0.53674	−0.02005	0.092172	0.00370	0.07582
天　津	0.75983	−0.00889	0.095193	0.00738	0.09369
河　北	0.63979	−0.01442	0.101009	−0.00313	0.08346
山　西	0.54220	−0.01972	0.111087	−0.00722	0.08414
内蒙古	0.67999	−0.01246	0.10714	−0.01869	0.07599
辽　宁	0.67972	−0.01248	0.107858	−0.00650	0.08889
吉　林	0.47152	−0.02418	0.097331	−0.02209	0.05107
黑龙江	0.35164	−0.03347	0.092909	−0.00878	0.05066
上　海	0.75865	−0.00894	0.102556	−0.01655	0.07707
江　苏	0.97201	−0.00092	0.106718	−0.02130	0.08450
浙　江	0.96557	−0.00113	0.104807	−0.01893	0.08474
安　徽	0.77451	−0.00827	0.105482	−0.00904	0.08817
福　建	0.66838	−0.01302	0.103117	−0.02605	0.06405
江　西	0.82654	−0.00617	0.108534	−0.01610	0.08626
山　东	0.77648	−0.00819	0.114466	−0.01773	0.08855
河　南	0.78256	−0.00794	0.113769	−0.00961	0.09622
湖　北	0.64972	−0.01393	0.103663	−0.00577	0.08397

续表

		生产效率	生产效率进步率	技术进步率	规模效应	全要素生产率增长率
湖	南	0.72424	−0.01043	0.105827	−0.01165	0.08374
广	东	0.84468	−0.00547	0.107558	−0.01856	0.08353
广	西	0.58506	−0.01729	0.106862	−0.01336	0.07621
海	南	0.19842	−0.05137	0.078176	−0.07709	−0.05029
重	庆	0.65721	−0.01356	0.103816	−0.01807	0.07219
四	川	0.66936	−0.01297	0.105833	−0.00671	0.08615
贵	州	0.54805	−0.01938	0.106199	−0.00119	0.08563
云	南	0.69915	−0.01157	0.108848	−0.01036	0.08692
西	藏					
陕	西	0.55773	−0.01882	0.101561	−0.02171	0.06103
甘	肃	0.63407	−0.01471	0.109264	−0.00030	0.09426
青	海	0.61394	−0.01575	0.106113	−0.00805	0.08232
宁	夏	0.55437	−0.01901	0.103104	−0.00930	0.07479
新	疆	0.44060	−0.02633	0.093405	−0.00855	0.05852

注：因统计年鉴数据缺失，无法测算西藏的有色金属冶炼压延工业全要素生产率增长率分解。

6.2.17　电力热力的生产和供应业

从表 6−17 可以看出，东部地区电力热力的生产和供应业的生产效率相对比较高，其次是东北和中西部地区，但从生产效率进步率来看，各地区增长都有所放慢，西部地区最为明显。技术进步率全国相差不大，西部如青海、宁夏、西藏等几个省份增长较快。规模效应近一半的省份都为负值，说明大部分省份还需大力发展集聚经济，进一步提升电力热力的生产和供应业的规模产出效应。从电力热力的生产和供应业总的全要素生产率增长率来看，西部地区相对较高，东北和东部地区次之，中部地区相对较弱。

表 6 - 17　电力热力的生产和供应业全要素生产率增长率分解

	生产效率	生产效率进步率	技术进步率	规模效应	全要素生产率增长率
北　京	0.84471	−0.00439	0.04407	0.02063	0.06031
天　津	0.97333	−0.00070	0.04887	0.00992	0.05809
河　北	0.90567	−0.00258	0.04139	−0.00857	0.03024
山　西	0.77577	−0.00661	0.04328	−0.00243	0.03424
内蒙古	0.67132	−0.01036	0.04256	0.00795	0.04015
辽　宁	0.85278	−0.00415	0.04160	−0.00913	0.02832
吉　林	0.72574	−0.00834	0.04495	−0.00621	0.03040
黑龙江	0.77028	−0.00679	0.04243	−0.00371	0.03193
上　海	0.95960	−0.00107	0.04624	0.01790	0.06307
江　苏	0.93557	−0.00173	0.04102	0.00135	0.04064
浙　江	0.97768	−0.00059	0.04143	0.00360	0.04444
安　徽	0.87386	−0.00351	0.04547	0.00310	0.04505
福　建	0.83541	−0.00468	0.04353	0.00108	0.03993
江　西	0.75191	−0.00742	0.04517	−0.00401	0.03374
山　东	0.93516	−0.00174	0.03972	−0.01442	0.02356
河　南	0.91605	−0.00228	0.04006	−0.01785	0.01993
湖　北	0.59450	−0.01350	0.04052	0.00287	0.02989
湖　南	0.70524	−0.00908	0.04314	−0.00457	0.02949
广　东	0.95696	−0.00114	0.03882	−0.00570	0.03198
广　西	0.69992	−0.00928	0.04432	−0.00248	0.03257
海　南	0.80118	−0.00577	0.05308	0.00578	0.05310
重　庆	0.71683	−0.00866	0.04725	0.00859	0.04719
四　川	0.67191	−0.01033	0.04092	−0.00692	0.02366
贵　州	0.84537	−0.00437	0.04510	0.00505	0.04577
云　南	0.74106	−0.00780	0.04481	0.00311	0.04012
西　藏	0.57245	−0.01447	0.05834	0.00295	0.04682
陕　西	0.68203	−0.00995	0.04436	−0.00180	0.03261
甘　肃	0.70958	−0.00892	0.04571	−0.00105	0.03574
青　海	0.69509	−0.00946	0.05027	0.00984	0.05065
宁　夏	0.84090	−0.00451	0.05031	0.01137	0.05717
新　疆	0.63177	−0.01193	0.04739	0.00280	0.03826

6.3 本章小结

随着资源的开发、经济的发展，人们对原料、能源的需求日益增大，单纯依靠增大要素投入带动经济增长的发展方式已经逐步被人们摒弃，通过技术改造、精细化生产，降低单位产出所消耗的要素投入正成为各经济实体追求的经济效益目标。同时，全要素生产率增长率作为描述全要素生产率随时间变动的矢量，通过对其观察可以大体判断出该行业发展趋势。本章考察了从 2003 年到 2008 年 17 类污染型行业在全国各省、直辖市和自治区的生产效率、生产效率进步率、技术进步率、规模效应和全要素生产率增长率年均值，从高效生产的角度为污染型行业未来的布局选择提供了方向。

通过研究发现，农副食品加工业全要素生产率平均增长率比较靠前的除上海、天津以外都是在中西部地区，且以西部为主。食品制造业比较靠前的省份除吉林、辽宁以外也全是在中西部地区。饮料制造业比较靠前的前十名全是在中西部地区。纺织业除海南和黑龙江以外，靠前的也全是在中西部地区的省份。皮革皮毛羽毛制品业除东部的河北、辽宁、山东的全要素生产率平均增长率比较高外，其余的也主要是在中西部地区。造纸及纸制品业全要素生产率平均增长率比较靠前的省份除海南、辽宁、河北外都是在中西部地区。石油加工炼焦燃料工业东中西和东北地区都有省份全要素生产率平均增长率排名比较靠前。化学原料及化学制品制造业比较靠前的省份全是在中西部地区。非金属矿物制品业除海南、黑龙江、吉林外也都是在中西部地区。黑色金属冶炼压延工业除辽宁外，全要素生产率平均增长率比较靠前的都是在中西部地区。有色金属冶炼压延工业除天津、辽宁、山东以外，也全是在中西部地区。医药制造业除江苏、山东外，全要素生产率平均增长率排名比较靠前的也都是在中西部地区。电力热力的生产和供应业全要素生产率平均增长率比较靠前的省份除上海、北京、天津、海南以外都是在中西部地区，且以西部为主。因此，总体来看，大部分污染型行业在中西部地区全要素生产率的平均增长率都比东部地区要高，即从行业的发展趋势和追逐高效生产的角度出发，这些污染型行业由东部地区向中西部地区转移符合经济发展的规律，全要素生产率增长率比较高的地区将成为这些行业未来转移布局的主要选择。

第 7 章

污染型行业优化布局的政策选择

在生态文明的视角下，工业的优化布局除了考虑到工业文明下强调的基于生产要素的比较优势原则、存在的聚集经济效应和缩小区域差距之外，还应该考虑生态保护的目标，并将之与经济、社会发展并重。因此，本章主要通过综合考虑各省份的生态承载力和环境承载力以及各省份污染型行业的全要素生产率增长率这两个工业优化布局的选择标准，结合必要的选择手段对未来生态文明取向指导下的污染型行业优化布局提出基本的思路和相关政策含义。

7.1 生态承载力和环境承载力

虽然中西部地区，特别是西部的部分省份生态环境相对比较脆弱，但也有一些省份的生态承载力和环境承载力比较强，而东部和东北地区的一些省份在经历了较长时间的发展后，生态承载力和环境承载力减弱，因此，有必要对各省份的生态承载力和环境承载力作进一步的细分。为便于分析，本章将已测算的 2008 年各省份的生态承载力和环境承载力进行了整合分类，具体见表 7-1。其中，生态承载力主要是通过将各省所生产的各种资源和能源项目折算为生态生产性土地面积后，再与现有的生态土地容量进行比较，比较的差值可以衡量出全国各省份的可持续发展能力。环境承载力则通过测算区域环境承载量（环境承载力指标体系中各项指标的实测值）与该区域环境承载量阈值（各项指标的标准值）之间的比值关系，来衡量全国各省份环境承载力的大小。

表 7-1 2008 年各省份生态承载力和环境承载力分类表

		生态承载力						
		高			一般			较低
环境承载力	高	广东 福建 海南 西藏 青海			安徽 江西 云南 广西			四川
	一般	浙江 上海 江苏			湖北 重庆 贵州 宁夏			湖南 黑龙江 内蒙古
	较低	北京 甘肃			河北 山东 吉林			天津 河南 山西 辽宁 陕西 新疆

从表 7 - 1 可以看出，除河北和天津外，东部沿海地区的生态承载力都比较高，这些地区虽然使用了大量的生态资源，但其消费的绝大部分生态资源都是从中西部地区输入的。因此，在这种情况下，生态破坏在区域之间发生了明显的转移，东部地区的生态系统得到了很好的保护，而中西部资源输出地区的生态系统所承受的压力不断增大，特别是山西、陕西、新疆、内蒙古等资源型大省，由于资源的大量开发输出从而导致生态承载力相对较弱。而四川、湖南、河南、安徽、江西、湖北作为中国粮食的主产地，担负着较重的粮食生产任务，有限的耕地面积导致这些地区的耕地生态赤字严重。同时还可以发现，环境承载力较低的地区都位于我国北部，绝大多数北方地区的电力基本都以火电为主，且冬季这些地区都供应暖气，这些因素导致北方地区大气污染日益严重。

广东、福建、海南、西藏和青海的生态承载力与环境承载力都很高。广东与福建消费的生态资源主要来源于其他区域输入，因此，本地的生态资源得以保护，生态承载力比较高。同时，由于其较高的环境规制力度以及以轻工业为主的产业结构使得这两个省份污染相对较少，环境承载力也比较好。而海南、西藏和青海这些省份主要是开发程度比较小，因而生态和环境承载力都相对比较好。

浙江、上海和江苏的生态承载力比较高。虽然近年来一些石油、化工、钢铁等重工业项目的对这些地区的环境有所影响，但这些地区环境规制力度较高，因此，仍保持较高的环境承载能力。

北京空气中 SO_2、NO_2 以及 PM10 浓度相对较低，这主要归根于较强的环境规制力度和近年来污染型企业的向外转移。但地表水水质却相对较差，主要是因为北京总体入境水量少而污水排放量却随着人口的增多而逐年增大，仅有的几条主要河流承载压力不断增大，环境容量日益减少。甘肃虽然开发强度不大，生态承载力比较好，但随着近年来石油化工等污染密集型行业的兴起，工业废水排放量日益增多，对于地表水相对匮乏的甘肃而言，水污染超标严重，环境承载压力不断增大。

安徽、江西、云南和广西的经济开发程度都不高，并且对外资源输出不多，因此生态和环境保护得较好。

湖北、重庆、贵州和宁夏，也都地处中西部地区，经济开发程度不高，生态承载力较好，但与江西、云南和广西相比，湖北、重庆和贵州的工业数量较多，空气环境承载略有超标，总体生态环境稍差。

河北、山东和吉林对外资源输出不多，生态承载力较好。但随着近年来环渤海经济带的快速发展以及东南沿海地区要素成本的上升和产业结构升级的加快，珠三角和长三角一些能源密集型的重工业开始逐步向环渤海地带转移扩散，天津、河北、山东成为区域投资的重点。另外，近年来河北承接了大量北京的转移产业，并多以钢铁、石化为主。因此，这些重型工业的转移使得天津、河北、山东等地的空气污染排放增加，从而导致空气质量下降，环境承载力不断减弱。吉林这一老工业基地，几十年高能耗、高污染的工业化道路导致其环境承载力受到严重破坏。

四川环境承载力很好，但生态承载力比较弱，主要是因为山地较多，耕地面积有限，但粮食生产任务重，从而导致其耕地生态赤字较大。

湖南有限的耕地面积难以与其较重的粮食生产任务相匹配，导致其耕地生态赤字严重。黑龙江和内蒙古作为中国煤炭、石油、天然气的主要产地，每年向外输出大量的能源资源，较大规模的开发导致这些地区的生态环境遭到严重破坏。但内蒙古大兴安岭和黑龙江小兴安岭丰富的林地资源，以及退耕还林工程、京津风沙源治理工程、三北重点防护林体系工程等一系列的森林建设项目使得内蒙古和黑龙江环境承载能力有所提升。

辽宁老工业基地为高能耗、高污染的传统工业化道路付出了沉重的资源环境代价。以钢铁、石化为主的大量的重型工业布局使得天津和辽宁的空气污染排放增加，空气质量下降，环境承载力不断减弱。河南、山西、内蒙古、陕西与新疆作为中国煤炭、石油、天然气的主要产地，每年向外输出大量的能源资源，而由于当前生态资源补偿机制并不健全，有限的资源补贴远远不足以弥补对资源进行大规模开发而导致对生态环境的严重破坏。同时，随着近年来开采力度不断增大，相应的资源密集型和污染密集型企业数量也随着增多，空气和污染超标严重，生态环境遭到较大程度的破坏，生态承载和环境承载能力相对都很低。

因此，一些生态承载力、环境承载力较差的地区，一定要正确处理好经济发展与生态保护之间的关系，在推动经济平稳较快发展的同时，要进一步加大生态保护力度，加强对污染排放的监管力度，控制高耗能、高污染行业的过快增长，积极推进产业结构优化调整，结合自身特色优势大力发展生态经济，促进传统产业升级，真正实现又好又快的发展，确保当地经济、环境的可持续发展。与此同时，由于广大落后地区的发展对全面小康社会建设至关重要，中央政府应该实行向欠发达地区倾斜的政策，加大对中西部地区的环境治理投入，推进资源性产品价格与环保税费改革，完善生态补偿机制，缩小区域差距，实现生态文明的区域协调发展战略目标。与此同时，中央政府应该尽快明确区域生态利益补偿机制，并对生态承载力较弱的地区实行积极的倾斜政策，加大对这些地区的生态治理投入，推进资源性产品价格税费改革，缩小区域差距，最终实现生态文明的区域协调发展战略目标。

7.2 全要素生产率平均增长率排名

根据2001—2008年行业污染排放数据的平均值，计算出不同行业各污染物排放占全部行业污染排放的比重，并依据各行业污染排放的比重排名，从高到低选取行业污染排放加总达到全部行业污染排放 90% 的行业作为污染型行业。由于本书主要关注污染转移问题，而本书所界定的 17 类污染型行业的污染排放占到所有工业污染排放的 90% 以上，因此我们将研究的重点放在这些污染型行业上。其中，矿石开采业的布局主要还是由各地区的资源禀赋所决定，所以这里只对污染型制造业的全要素生产率增长率进行分析。根据非中性技术进步超越随机前沿模型测算出来的 2003—2008 年污染型制造业全要素生产率的平均增长率进行分析，选出近 6 年来各行业全要素生产率的平均增长率排名前十的省份，具体见表 7 - 2。

表 7 - 2　全要素生产率平均增长率排名表

排名	农副食品加工业		食品制造业		饮料制造业		纺织业		皮革毛皮羽毛制品业		造纸及纸制品业		石油加工炼焦燃料工业	
1	西藏	0.0933	青海	0.0962	青海	0.0856	贵州	0.0940	新疆	0.0772	海南	0.1185	上海	0.0831
2	青海	0.0766	吉林	0.0895	宁夏	0.0831	广西	0.0919	宁夏	0.0715	陕西	0.0790	黑龙江	0.0817
3	天津	0.0747	安徽	0.0850	内蒙古	0.0791	海南	0.0879	黑龙江	0.0691	甘肃	0.0781	安徽	0.0768
4	宁夏	0.0684	云南	0.0792	云南	0.0783	云南	0.0842	河南	0.0661	重庆	0.0773	新疆	0.0768
5	新疆	0.0656	新疆	0.0791	甘肃	0.0780	江西	0.0828	甘肃	0.0605	贵州	0.0759	江西	0.0752
6	山西	0.0643	甘肃	0.0783	江西	0.0758	重庆	0.0821	内蒙古	0.0594	山西	0.0719	广西	0.0712
7	上海	0.0637	辽宁	0.0758	安徽	0.0732	甘肃	0.0813	河北	0.0590	宁夏	0.0688	湖南	0.0712
8	云南	0.0633	宁夏	0.0757	山西	0.0721	湖南	0.0811	四川	0.0505	四川	0.0682	天津	0.0711
9	甘肃	0.0617	江西	0.0733	河南	0.0713	黑龙江	0.0796	辽宁	0.0504	辽宁	0.0650	吉林	0.0697
10	广西	0.0606	山西	0.0705	广西	0.0677	山西	0.0790	山东	0.0472	河北	0.0643	福建	0.0679

续表一

排名	化学原料及化学制品制造业		化学纤维制造业		非金属矿物制品业		黑色金属冶炼压延工业		有色金属冶炼压延工业		医药制造业		电力热力的生产和供应业	
1	湖南	0.0923	海南	0.1121	青海	0.1050	贵州	0.1205	河南	0.0962	江西	0.0729	上海	0.0631
2	甘肃	0.0902	广西	0.0902	西藏	0.0968	四川	0.1111	甘肃	0.0943	河南	0.0718	北京	0.0603
3	山西	0.0901	浙江	0.0794	贵州	0.0852	河北	0.1069	天津	0.0937	安徽	0.0703	天津	0.0581
4	陕西	0.0873	江西	0.0777	宁夏	0.0818	辽宁	0.1035	辽宁	0.0889	山东	0.0671	宁夏	0.0572
5	江西	0.0870	福建	0.0763	海南	0.0815	山西	0.1025	山东	0.0885	四川	0.0636	海南	0.0531

续表二

排名	化学原料及化学制品制造业		化学纤维制造业		非金属矿物制品业		黑色金属冶炼压延工业		有色金属冶炼压延工业		医药制造业		电力热力的生产和供应业	
6	青海	0.0865	黑龙江	0.0749	甘肃	0.0775	宁夏	0.1023	安徽	0.0882	江苏	0.0624	青海	0.0507
7	广西	0.0801	吉林	0.0676	湖南	0.0760	河南	0.1011	云南	0.0869	湖北	0.0611	重庆	0.0472
8	内蒙古	0.0794	上海	0.0671	江西	0.0750	内蒙古	0.0978	江西	0.0863	贵州	0.0578	西藏	0.0468
9	新疆	0.0790	辽宁	0.0647	黑龙江	0.0742	湖南	0.0958	四川	0.0862	山西	0.0571	贵州	0.0458
10	四川	0.0782	安徽	0.0621	吉林	0.0739	湖北	0.0950	贵州	0.0856	广西	0.0567	安徽	0.0451

从表 7-2 可以看出，大部分污染型行业在中西部地区全要素生产率的平均增长率都比东部地区要高。农副食品加工业全要素生产率平均增长率排名前十的省份除上海、天津以外都是在中西部地区，且以西部为主。食品制造业全要素生长率平均增长率排名前十的省份除吉林、辽宁以外，也全是在中西部地区。饮料制造业全要素生产率平均增长率排名前十全是在中西部地区。纺织业全要素生产率平均增长率排名前十的省份除海南和黑龙江以外也全是在中西部地区。皮革皮毛羽毛制品业全要素生产率平均增长率排名前十的省份除河北、辽宁、山东外，其余的也主要是在中西部地区。造纸及纸制品业全要素生产率平均增长率排名前十的省份除海南、辽宁、河北外都是在中西部地区。石油加工炼焦燃料工业东中西和东北都有省份全要素生产率平均增长率排名比较靠前。化学原料及化学制品制造业全要素生长率平均增长率排名前十的省份全是在中西部地区。化学纤维制造业全要素生长率平均增长率排名前十的省份除安徽、江西、广西外都是在东部和东北地区。非金属矿物制品业全要素生产率平均增长率排名前十的省份除海南、黑龙

江、吉林外也都是在中西部地区。黑色金属冶炼压延工业全要素生产率平均增长率排名前十的省份除辽宁外也都是在中西部地区。有色金属冶炼压延工业全要素生产率平均增长率排名前十的省份除天津、辽宁、山东以外也全是在中西部地区。医药制造业全要素生产率平均增长率排名前十的省份除江苏、山东外，都是在中西部地区。电力热力的生产和供应业全要素生产率平均增长率排名前十的省份除上海、北京、天津、海南以外都是在中西部地区，且以西部为主。

7.3　政策含义

通过以上分析可以看出，为追求效率，大部分污染型行业在未来布局选择上将倾向于向中西部地区转移。基于上面分析发现中西部许多地区生态承载力和环境承载力都比较弱，一旦这些污染型的行业为追逐效率向这些生态环境已经比较脆弱的地区进行大规模的转移，必然会导致这些地区的生态环境进一步恶化，从而造成难以弥补的损失。因此，一定要正确处理好经济发展与生态保护之间的关系，从生态文明的高度统筹分析污染型行业的优化布局问题。

7.3.1　统筹兼顾经济效率与生态环境

在产业特别是污染型行业优化布局的研究中，一定要统筹兼顾经济效率和生态环境，一方面既要考虑到产业高效率发展的布局选择，另一方面要考虑所选择布局区域的生态环境承载能力。具体而言，从行业的发展趋势和追逐高效生产的发展规律来看，全要素生产率增长率比较高的地区是这些行业未来转移布局的主要选择，建议可以重点考虑全要素生产率增长率排名前十的地区。但污染型行业对生态环境的影响较大，所以还需充分考虑这些地区的生态承载与环境承载，应尽量避免大规模地向生态承载与环境承载都比较差的地区进行转移。因此，这些污染型行业应适宜地选择全要素生产率增长率比较高而生态承载与环境承载也都比较好的区域进行布局，对于全要素生产率增长率比较高而生态承载与环境承载一般的区域则可以按照主体功能区的划分标准，选择在区域内优化开发和重点开发地区进行适当的转移布局。

7.3.2 加大各省的环境规制力度，避免"污染天堂"出现

东部沿海发达省份在环境污染规制方面取得了显著的成绩，这与其经济发展水平、产业结构以及对环境改善的需求密切相关；而中西部大多数省市仍处于经济发展水平的初期和中期，严峻现实使得其经济增长发展愿望异常强烈。因此，在一定时期内经济发展与环境保护相比，中西部地区对前者的需求显得更为迫切，从而导致其环境规制力度及环境规制的主动性相对较弱。在这种情况下，东部一些污染型行业为规避环境治理成本，会倾向于向环境规制力度弱的中西部地区转移，使得

中西部地区成为东部污染密集型产业规避高环境规制的"污染天堂"，从而导致对中西部地区生态环境的破坏。因此，中央政府应进一步建立健全环境规制力度的监测考评机制，加强对各省份环境规制执行力度的监管，避免各省份环境规制强度的过度分化，从而促使污染型行业通过自身的设备升级和技术进步实现污染排放减少，而不是简单地通过产业转移来规避高环境规制成本。而环境规制力度较弱的中西部地区，更应重视经济发展与生态环境建设的有机结合，在经济发展的基础上，有选择性地承接东部产业转移，结合自身特色优势大力发展生态经济，促进传统产业升级，同时加强对污染排放的监管力度，控制高耗能、高污染行业的过快增长。

7.3.3　加强项目污染审核监管

近年来，污染型行业逐步开始由东部沿海向内陆地区转移，为了避免对一些生态承载和环境承载都比较弱的地区造成进一步的生态环境破坏，应积极推行规划环评和重大决策环评。对污染严重且环境质量长期得不到改善的地区，生态破坏严重或者尚未完成生态恢复任务的地区，要暂停对污染排放大的新增建设项目的审批。同时，加大对排污单位的审核和监管力度，严把环评关，对于未通过环评的新建项目一律不准开工，环保设施配套未达标的在建项目也一律不准投产。对于已经投入生产的项目，要进一步完善强制淘汰制度，强化限期治理。不符合国家环保政策的重污染企业要予以限期治理或停产治理，并依据国家环境保护法律法规、产业政策和环保目标的要求，逐步淘汰高污染高耗能的落后产能，改善区域环境质量，为人民群众创造良好的生产和生活环境。

7.3.4　提升科学技术水平

通过本书分析可以发现，污染的转移不仅与污染型行业的转移密切相关，同时还受到所采用的污染排放控制技术的影响。即使污染型行业布局数量增多但通过促进这些行业污染排放控制技术的进步，同样可以减少污染的排放。因此，有必要充分运用环境标准和环境保护技术政策推动环境技术进步，引导和促进企业开展技术攻关，提高自身环境治理技术水平。同时，鼓励企业运用先进适用技术和环保技术改造高耗能、高耗水、高耗材的生产工艺和设备，提高工业污染防治的能力，实现环境污染由末端治理向全过程控制的转变。另外，大力发展环保产业，积极引进、消化国内外先进技术，加快高新技术在环保领域的应用，加快科技成果产业化，进一步提升科技在环境治理中的支撑能力。

7.3.5　加快推进循环经济

大力发展循环经济，加快经济增长方式的转变，在资源开发、生产消费、废物产生和消费等环节逐步建立资源循环利用体系，规范资源回收与再利用的市场运行机制。一方面，引导并支持企业通过技术改造推动节能降耗，逐步淘汰重污染、高耗能的落后生产工艺、设备和产品，形成低投入、低消耗、低排放和高效率的节约型增长方式，实现资源优化配置，提高资源利用效率。另一方面，鼓励企业进行结构调整，推行清洁生产，对生产过程中产生的废渣、废水、废气、余热等进行回收利用，实现废弃物的循环利用。另外，鼓励发展资源节约型和废物循环利用产业，大力推广循环经济先进适用技术和典型经验，尽快形成有利于资源节约和环境保护的产业体系。

7.3.6　完善转移支付和生态补偿机制

中西部大多数省市为了实现经济的快速增长，往往会忽略对生态环境的保护，甚至不惜以牺牲环境为代价大力发展资源型和环境污染型行业，这与当地落后的经济现实以及强烈的经济发展愿望密不可分。要让这些地区真正从根本上实现经济与环境的协调发展，还需进一步完善转移支付和生态补偿机制，加大对中西部生态环境承载较弱地区的政策倾斜。首先，要加快资源性产品价格的市场化改革进程，调整资源性产品与最终产品的比价关系，加快成品油、天然气的价格改革，逐步建立能够体现资源稀缺程度的价格机制。同时，按照补偿治理成本原则，建立实施排污权交易制度，提高排污权的使用效能。另外，根据"受益者付费、破坏者赔偿、开发者补偿"等原则，进一步完善生态补偿机制，充分发挥市场配置资源的基础性作用，促进资源的合理开发、高效利用和有效保护。在治理投资方面，各级政府要进一步加大对污染防治、生态保护等环境公共设施建设的投资力度，提高环保经费的保障程度。同时，中央政府应加大对中西部地区的环境治理投入和转移支付力度，在强化中西部地区生态环境保护的同时进一步缩小区域差距。

生态文明取向的工业区域布局研究

第8章

总结与展望

本书通过对工业污染区域转移的分析，找出污染型行业布局变化的影响因素，并分别从效率和生态环境这两个维度提出了生态文明取向下的污染型行业布局的优化目标。在整个研究过程中得出了一些新的研究结论，同时也对进一步深入研究有了新的思考。

8.1 研究结论

通过研究发现，近年来污染正从东部地区逐步向东北和中西部地区转移，而除了因东北和中西部地区污染治理排放技术较差外，还存在一个重要的原因就是污染型行业也逐步在由东部地区向中西部地区转移。

在测度全国各省份环境规制力度的基础上，发现中国也存在着"污染天堂"效应，即随着各地环境规制力度的不断增强，污染型行业为规避一定的污染减排成本开始逐步从东部环境规制力度强的地区向环境规制力度弱的东北和中西部地区转移。但从另一方面也说明环境规制力度可以作为政府的一种调控手段，优化污染型行业的区域布局。

虽然中西部地区，特别是西部的部分省份生态环境相对比较脆弱，但也有一些省份的生态承载力和环境承载力比较强，在进一步提升污染治理排放技术的基础上可以适当地发展一些污染型行业。而东部和东北地区的一些省份在经历了较长时间的发展后，生态承载力和环境承载力减弱，因此，这些省份应该适当地控制污染型行业的发展规模，并可以引导这些行业向生态承载力和环境承载力都比较强的地区转移。

从行业的发展趋势和追逐高效生产的发展规律来看，全要素生产率平均增长率比较高的地区是这些行业未来转移布局的主要选择，通过分析发现大部分污染型行业在中西部地区全要素生产率的平均增长率都比东部地区要高。但由于污染型行业对生态环境的影响较大，所以还需充分考虑这些地区的生态承载与环境承载。因此，这些污染型行业应适宜地选择全要素生产率增长率比较高而生态承载与环境承载也都比较好的区域进行布局，尽量避免大规模地向生态承载与环境承载都比较差的地区进行转移，而对于全要素生产率增长率比较高而生态承载与环境承载一般的区域，则可以按照主体功能区的划分标准，选择在区域内优化开发和重点开发地区进行适当的转移布局。

8.2　研究展望

尽管本书应用大量的数据和较为先进的研究方法，但不尽如人意和值得商榷的地方还有多处，这也为日后做进一步的深入研究提供了方向。

本书研究的区域主要以省级行政区为单位，但即使在同一省内，不同地区的生态环境以及经济发展状况也不尽相同。因此，在考虑工业优化布局这一问题上，还有待对研究的区域做进一步的细化。

本书主要以二位数工业行业为研究对象，鉴于大类行业划分比较粗略，在以后的研究中，可以对大类行业做进一步细化，从而为工业优化布局提出更为科学有效的思路和建议。

参考文献

［1］曹颖．区域产业布局优化及理论依据分析［J］．地理与地理信息科学，2005，（5）．

［2］陈德敏，孟帮燕，林勇．区域生产力布局模式选择分析［J］．开发研究，2005，（4）．

［3］陈栋生．经济布局与区域经济研究［M］．大连：东北财经大学出版社，1990.

［4］陈红蕾，陈秋峰．我国贸易自由化环境效应的实证分析［J］．国际贸易问题，2007，（7）．

［5］陈佳贵．中国工业现代化问题研究［M］．北京：中国社会科学出版社，2004.

［6］陈敏，王如松，张丽君．中国2002年省域生态足迹分析［J］．应用生态学报，2006，（3）．

［7］陈雯，孙伟．基于空间均衡理念的生产力布局的研究［J］．地域研究与开发，2008，（2）．

［8］陈秀山，张可云．区域经济理论［M］．北京：商务印书馆，2003．

［9］褚文胜．区域战略性产业结构布局的模型建立和指标体系设计——
兼论我国东中西部地区战略性产业结构布局［J］．财政研究，
2007，（11）．

［10］戴育琴，欧阳小迅．污染天堂假说在中国的检验［J］．企业技术
开发，2006，（12）．

［11］党玉婷，万能．我国对外贸易的环境效应分析［J］．山西财经大
学学报，2007，（3）．

［12］方维慰．论世界产业布局的新动向［J］．世界经济与政治论坛，
2006，（3）：66．

［13］冯邦彦，叶光毓．从区位理论演变看区域经济理论的逻辑体系构建
［J］．经济问题探索，2007，（4）．

［14］胡文国，吴栋．资源配置效率指标体系的构建及我国不同性质工业
企业资源配置效率的比较分析［J］．当代经济科学，2007，（5）．

［15］黄玖立，李坤望．对外贸易、地方保护和中国的产业布局［J］．
经济学季刊，2006，（3）．

［16］加勒特·哈丁，生活在极限之内——生态学、经济学和人口禁忌
［M］．上海：上海译文出版社，2001．

［17］金碚．资源与环境约束下的中国工业发展［J］．中国工业经济，
2005，（4）．

［18］金煜，陈钊，陆铭．中国的地区工业集聚：经济地理、新经济地理与
经济政策．2004年中国经济学年会入选论文．

［19］黎金凤．产业转移与中部地区面临的环境风险［J］．经济与管理，
2007，（11）．

［20］李君华，彭玉兰．产业布局与集聚理论述评［J］．经济评论，

2007，（2）.

［21］蔺雪芹，方创琳 . 城市群地区产业集聚的生态环境效应研究进展
［J］. 地理科学进展，2008，（5）.

［22］刘殿生 . 资源与环境综合承载力分析［J］. 环境科学研究，1995，
（1）.

［23］刘慧 . 优化生产力布局的思路与对策［J］. 研究与探索，2005，
（8）.

［24］刘楷 .1999—2005 年中国地区工业结构调整和增长活力实证研究
［J］. 中国工业经济，2007，（7）.

［25］刘荣茂，张莉侠，孟令杰 . 经济增长与环境质量：来自中国省际面
板数据的证据［J］. 经济地理，2006，（5）.

［26］刘再兴 . 生产布局学原理［M］. 北京：中国人民大学出版社，
1984.

［27］罗勇，曹丽莉 . 中国制造业集聚程度变动趋势的实证研究［J］.
经济研究》，2005，（8）.

［28］马建会 . 资源环境约束下改进珠三角工业增长模式的对策思考
［J］. 特区经济,2006，（2）.

［29］迈克尔·波特 . 国家竞争优势［M］. 北京：华夏出版社，2002.

［30］潘伟志 . 产业转移内涵、机制探析［J］. 生产力研究，2004，
（10）.

［31］彭再德，杨凯，王云 . 区域环境承载力研究方法初探［J］. 中国
环境科学，1996，（1）.

［32］乔家君，时慧娜 .20 世纪 90 年代以来中国工业格局及其变化[J].
人文地理，2007，（5）.

［33］人大区域所．产业布局学原理［M］．北京：中国人民大学出版社，1997．

［34］佘群芝．污染天堂假说与现实［J］．中南财经政法大学学报，2004，（3）．

［35］世界银行．2009年世界发展报告——重塑世界经济地理［M］．北京：清华大学出版社，2009．

［36］舒基元，杨峥．环境安全的新挑战：经济全球化下环境污染转移［J］．中国人口资源环境，2003，（3）．

［37］宋旭光．资源约束与中国经济发展［J］．财经问题研究，2004，（11）．

［38］唐剑武，叶文虎．环境承载力的本质及其定量化初步研究［J］．中国环境科学，1998，（3）．

［39］王欣，吴殿廷，肖敏．产业发展与中国经济重心迁移［J］．经济地理，2006，（11）．

［40］王玉梅，尚金城，徐凌．吉林生态省建设规划背景评价的生态足迹分析［J］．环境科学与管理，2005，（5）．

［41］威廉·恩道尔．粮食危机［M］．北京：知识产权出版社，2008．

［42］魏后凯．中国地区工业发展态势及政策导向［J］．经济纵横，2006，（9）．

［43］夏友富．外商投资中国污染密集产业现状、后果及其对策研究［J］．管理世界，1999，（3）．

［44］冼国明，文东伟．FDI、地区专业化与产业集聚［J］．管理世界，2006，（12）．

［45］谢丽霜．西部地区规避产业梯度转移风险的对策研究［J］．经济纵横，2009，（5）

［46］熊德国，鲜学福．生态足迹理论在区域可持续发展评价中的应用及改进［J］．地理科学进展，2003，（6）．

［47］徐中民，张志强，陈国栋．中国年生态足迹计算与发展能力分析［J］．应用生态学报，2003，（4）．

［48］许士春．贸易对我国环境影响的实证分析［J］．世界经济研究，2006，（3）．

［49］杨昌举．关注西部产业转移与污染转移［J］．环境保护，2006，（8）．

［50］杨海生．贸易、外商直接投资、经济增长与环境污染［J］．中国人口、资源与环境，2005，（3）．

［51］叶振宇．贸易自由化与中国制造业空间分布研究［D］．中国人民大学博士论文，2009.

［52］于渤，黎永亮，迟春洁．考虑能源耗竭、污染治理的经济持续增长内生模型［J］．管理科学学报，2006，（8）．

［53］于峰，齐建国，田晓林．经济发展对环境质量影响的实证分析—基于1999—2004年间各省市的面板数据［J］．中国工业经济，2006，（8）．

［54］袁晓玲，张宝山，杨万平．基于环境污染的中国全要素能源效率研究［J］．中国工业经济，2009，（2）．

［55］岳东霞，李自珍，慧苍．甘肃省生态足迹和生态承载力发展趋势研究［J］．西北植物学报，2004，（3）．

［56］张可云，傅帅雄，张文彬．产业结构差异下各省环境污染规治强度量化研究［J］．江淮论坛，2009，（6）．

［57］张少华，陈浪南．外包对于我国环境污染影响的实证研究：基于行业面板数据［J］．当代经济科学，2009，（1）．

［58］周凤起. 中国经济发展中的能源资源和环境制约［J］. 国际金融研究，2006，（1）.

［59］周茂荣，祝佳. 贸易自由化对我国环境的影响——基于 ACT 模型的实证研究［J］. 中国人口·资源与环境，2008，（4）.

［60］周起业. 西方生产布局学原理［M］. 北京：中国人民大学出版社，1987.

［61］朱启荣. 中国工业用水效率与节水潜力实证研究［J］. 工业技术经济，2007，（9）.

［62］《中国城市承载力及其危机管理研究》课题组，2007.

［63］Aghion P，Howitt P. Research and development in the growth. Journal of Economic Growth，1996，1：49 –73.

［64］Amiti，M，Javorcik，B S. Trade costs and the location of foreign firms in China. Journal of Development Economics，2008，85，129 –149.

［65］Andreoni，James，Arik Levinson. The Simple Analytics of the Environmental Kuznets Curve，J. Public Econ，2001，80（2）：269 –86.

［66］Antweiler W，B Copeland，M S Taylor. Is free trade good for the environment. American Economic Review，2001，91：877 –908.

［67］Antweiler，Werner，Brian R Copeland，M Scott Taylor. Is Free Trade Good for the Environment. Amer. Econ. Rev，2001，91（4）：877 –908.

［68］Baldwin R，Forslid R，Martin P，Ottaviano G，Robert – Nicoud F. Economic Geography and public policy（Princeton University Press，Princeton and Oxford），2003.

［69］Barrett，Scott，Kathryn Graddy. Freedom，Growth，and the Environment，Environ. Devel. Econ，2000，5（4）：433 –56.

[70] Bartelsman E J, W Gray. the NBER Manufacturing Productivity Database. NBER Working Paper T0205, October 1996.

[71] Bartik T. The Effect of Environmental Regulation on Business Location in the United States, Growth and Change, 1988, 19 (3): 22 - 44.

[72] Baum C F, M E Schaffer, S Stillman. Instrumental Variables and GMM: Estimation and Testing. Boston CollegeWorking Paper 545, 2003.

[73] Becker R A. Pollution Abatement Expenditures by U. S. Manufacturing Plants: Do Community CharacteristicsMatter. Contributions to Economic Analysis and Policy, 2004, 3 (2) .

[74] Becker, Randy, Vernon Henderson. Effects of Air Quality Regulations on Polluting Industries. J. Polit. Econ, 2000, 108 (2): 379 - 421.

[75] Birdsall, Nancy, David Wheeler. Trade Policy and Industrial Pollution in Latin America: Where Are the Pollution Havens? in International Trade and the Environment, Patrick Low, ed. World Bank discuss. paper 159, Washington, DC: World Bank, 1992, 159 - 67.

[76] Bishop A, Fullerton, Crawford A. Carrying Capacity in Regional Environment Management [M]. Washington Government Printing Office, 1974.

[77] Bovenberg, Lans A, Ruud A de Mooij. Environmental Levies and Distortionary Taxation, Amer. Econ. Rev, 1995, 86 (4): 985 - 1000.

[78] Brander, James A, M Scott Taylor. International Trade Between Consumer and Conservationist Countries. Resource Energy Econ. , 1997, 19 (4): 267 - 298.

[79] Brock, William A, M Scott Taylor. The Kindergarten Rule of Sustainable Growth, NBERWorking. paper , 2003, 95 - 97.

[80] Brunnermeier S B, A Levinson. Examining the Evidence on Environmental Regulations and Industry Location. Journal of the Environment and Development, 2004, 13: 6 -41.

[81] Cole, Matthew A, Robert J R Elliot. Factor Endowments or Environmental Regulations? Determining the Trade - Environment Composition Effect. J. Environ. Econ. Manage, forthcoming. 2004.

[82] Copeland B R, Taylor M S. Trade and the Environment: A Partial Synthesis. American Journal of Agricultural Economics, 1995b, 77 (3): 765 -771.

[83] Copeland B R, Taylor M S. Trade and Transboundary Pollution. American Economic Review, 1995a, 85 (4): 716 -737.

[84] Copeland B R, Taylor M S. Free Trade and Global Warming: a Trade Theory View of the Kyoto Protocol. Journal of Environmental Economics and Management, 2005, 49 (2): 205 -234.

[85] Copeland Brian R, Taylor M S. North - South Trade and the Environment, Quart. J. Econ, 1994, 109 (3): 755 -787.

[86] Copeland Brian R, Taylor M S. Trade, Growth, and the Environment. Journal of Economic Literature, 2004, 42: 7 -71.

[87] Daly H. Sustainable Growth: An Impossibility Theorem. Development, 1994, 3 (4): 126 -138.

[88] Daniel C Esty. Bridging the Trade - Environment Divide. The Journal of Economic Perspectives, 2001, 15 (3): 113 -130.

[89] Dasgupta S, B Laplante, H Wang, D Wheeler. Confronting the Environmenta Kuznets Curve. Journal of Economic Perspectives, 2002, 16: 147 -168.

[90] Dao – Zhi ZENG, Laixun ZHAO. Pollution Havens and Industrial Agglomeration. Discussion Paper Series, 2006, 197.

[91] David L. On environmental Kuznets curves arising from stock externalities. Journal of Economic Dynamics & Control, 2003, 27 (5): 1367 – 1390.

[92] Dean J M, Lovely M E. Trade growth, production fragmentation, and China's environment. NBER Working Paper, No. 13860, 2008.

[93] Ederington J, A Levinson, J Minier. Trade Liberalization and Pollution Havens. Advances in Economic Analysis and Policy, 2004, 4 (2) .

[94] Ederington J, A Levinson, J Minier. Footloose and Pollution – free. Review of Economics and Statistics, 2005, 87: 92 – 99.

[95] Ederington J, J Minier. Is Environmental Policy a Secondary Trade Barrier. An Empirical Analysis, Canadian Journal of Economics 2003, 36: 137 – 154.

[96] Esty, Daniel C. Greening the GATT: Trade, Environment and the Future. Washington: Institute for International Economics, 1994.

[97] Esty, Daniel C. Revitalizing Environmental Federalism. Michigan Law Review, 1996, 95 (3): 570 – 653.

[98] Feenstra R C. NBER Trade Database, Disk1: U. S. Imports, 1972 – 1994: Data and Concordances. NBERWorking Paper, 5515, March 1996.

[99] Feenstra R C. NBER Trade Database, Disk 3: U. S. Exports, 1972 – 1994, with State Exports and Other U. S. Data. NBERWorking Paper 5990, April 1997.

[100] Fischel, William A. Fiscal and Environmental Considerations in the Lo-

cation of Firms in Suburban Communities, in Fiscal Zoning and Land Use Controls. Edwin S. Mills and Wallace E. Oates, eds. Lexington, Mass. : Lexington Books, 1975, 74 - 119.

[101] Foster, Lucia, John Haltiwanger, Chad Syverson. Reallocation, Firm Turnover, and Efficiency: Selection on Productivity or Profitability? American Economic Review, 2008, 98: 394 - 425.

[102] Frankel J A, D Romer. Does Trade Cause Growth. American Economic Review, 1999, 89: 379 - 399.

[103] Fredriksson Per G, Daniel L Millimet. Strategic Interaction and the Determination of Environmental Policy and Quality Across the US States: Is there a Race to the Bottom? . unpublished working paper, 2000.

[104] Fujita M, Krugman P, Venables A. The spatial economy: cities, regions and international trade (The MIT press, Cambridge), 1999.

[105] Fullerton D. The economics of pollution havens. Edward Elgar, Cheltenham, 2006.

[106] Greenstone, Michael. The Impacts of Environmental Regulations on Industrial Activity: Evidence from the 1970 and the 1977 Clean Air Ac tAmmendments and the Census of Manufactures. J. Polit. Econ, 2002, 110 (6): 175 - 219.

[107] Grossman Gene M, Alan B Krueger. Environmental Impacts of a North American Free Trade Agreement, in The U. S. - Mexico Free Trade Agreement. Peter M. Garber, ed. Cambridge, MA: MIT Press, 1993, 13 - 56.

[108] Henderson, J Vernon. Effects of Air Quality Regulation. Amer. Econ. Rev, 1996, 86 (4): 789 - 813.

[109] Hettige H, P Maetin, M Singh, D Wheeler. The Industrial Pollution

Projection System. World Bank Policy Research Working Paper 1431, 1994.

[110] Jaffe, Adam B, Steven R Peterson, Paul R Portney, Robert N Stavins. Environmental Regulation and the Competitiveness of U. S. Manufacturing: What Does the Evidence Tell Us?, J. Econ. Lit, 1995, 33 (1): 132 – 163.

[111] Javorcik B S, S – J Wei. Pollution Havens and Foreign Direct Investment: Dirty Secret or Popular Myth? . Contributions to Economic Analysis and Policy, 2004, 3 (2): 8.

[112] Jeppesen T, List J A, Folmer H. Environmental regulation and new plant location decisions: evidence from a meta – analysis. Journal of Reqional Science 2002, 42 (1): 19 –49.

[113] Johnalist, Catheriney CO. The effects of environmental regulations on foreign direct investment. Journal of Environmental Economics and Management, 2000, 40: 1 – 20.

[114] Kahn Matthew E. The Geography of U. S. Pollution Intensive Trade: Evidence from 1959 to 1994, Regional Science and Urban Economics, 2003, 33: 383 – 400.

[115] Kahn M E, Y Yoshino. Testing the Pollution Havens Hypothesis inside and outside of Regional Trading Blocs. Advances in Economic Analysis and Policy, 2004, 4 (2): 4.

[116] Kalt Joseph P. The Impact of Domestic Environmental Regulatory Policies on U. S. International Competitiveness, in International Competitiveness. A. Michael Spence and Heather A. Hazard, eds. Cambridge, MA: Harper and Row, Ballinger, 1988, 221 – 262.

[117] Keller Wolfgang, Arik Levinson. Pollution Abatement Costs and Foreign

Direct Investment Inflows to U. S. States. Review of Economic and Statistics, 2002, 84 (4): 691 – 703.

[118] Kolstad Charles, Y Xing. Do Lax Environmental Regulations Attract Foreign Investment. Resource and Energy Economics, forthcoming, 2002.

[119] Levinson Arik, M Scott Taylor. Trade and the Environment: Unmasking the Pollution Haven Effect. mimeo, Georgetown U, 2002.

[120] Levinson Arik, M Scott Taylor. Unmasking the Pollution Haven Effect. International economic review, 49 (1), February 2008.

[121] Levinson Arik. A Note on Environ – mental Federalism: Interpreting some Contradictory Results. Journal of Environmental Economics and Management, 1997, 33: 359 – 366.

[122] Levinson Arik. Environmental Regulations and Industry Location: International and Domestic Evidence, in Fair Trade and Harmonization: Prerequisites for Free Trade. Jagdish Bhagwati and Robert Hudec, eds. Cambridge, MA: MIT Press, 1992, 429 – 457.

[123] List John A, Daniel L Millimet. A Natural Experiment on the "Race to the Bottom" Hypothesis: Testing for Stochastic Dominance in Temporal Pollution Trends. Southern Methodist University working paper, 2002.

[124] List John A, W Warren McHone, Daniel L Millimet, Per G Fredriksson. Effects of Environmental Regulations on Manufacturing Plant Births: Evidence from a Propensity Score Matching Estimator. Review of Economic and Statistics. Forthcoming, 2003.

[125] Lopez Ramon. The Environment as a Factor of Production: The Effects of Economic Growth and Trade Liberalization. Journal of Environmental Economics and Management,, 1994, 27 (2): 163 – 184.

[126] Low Patrick, Alexander Yeats. Do "Dirty" Industries Migrate? in International Trade and the Environment, Patrick Low, ed. Discuss. paper 159, Washington, DC: World Bank, 1992, 89 – 104.

[127] Lucas, Robert E B, David Wheeler, Hermamala Hettige. Economic Development, Environmental Regulation and the International Migration of Toxic Industrial Pollution: 1960 – 1988, in International Trade and the Environment. Patrick Low, ed, Discuss. paper 159, Washington, DC: World Bank, 1992, 67 – 86.

[128] Mani Muthikumara, David Wheeler. In Search of Pollution Havens? Dirty Industry Migration in the World Economy. World Bank work. Paper, 1997, 16.

[129] Mani Muthukumara, David Wheeler. In Search of Pollution Havens? Dirty Industry in the World Economy 1960 – 1995, in Trade, Global Policy and the Environment. Per G Fredriksson, ed. Washington: World Bank, 1999, 115 – 27.

[130] McAusland C. Environmental Regulation as Export Promotion: Product Standards for Dirty Intermediate Goods. Contributions to Economic Analysis and Policy, 2004, 3 (2): 7.

[131] Midelfart – Knarvik K H, Overman H G, Redding S J, Venables A J. The location of European industry, economic papers no. 142. European commission, D – G for economic and financial affairs. Brussels, 2000b.

[132] Midelfart – Knarvik K H, Overman H G, Venables A J. Comparative advantage and economic geography: estimating the location of production in the EU. Centre for economic policy research discussion paper, 2618, 2000a.

[133] Millimet D L, List J A. The case of the missing pollution haven hypothesis Journal of Regulatory Economics, 2004, 26: 239 –262.

[134] Motta M, Thisse J – F. Does environmental dumping lead to delocation? . European Economic Review 1994, 38: 563 –576.

[135] Mulatu A, Florax R, Withagen C. Environmental regulation and international trade: empirical results for Germany, the Netherlands and the US, 1977 – 1992, Contributions to Economic Analysis and Policy, 3 (Article 5), 2004.

[136] Mulatu A, Florax R, Withagen C, Wossink A. Environmental Regulation and Industry Location in Europe. Environmental Resource Economicl, 2010, 45: 459 –479.

[137] Mulder P, deGroot H L F. Sectoral energy and labor productivity convergence. CPB Discussion Paper, CPB, The Hague, 23, 2003.

[138] Oates, Wallace E, Robert M Schwab. Economic Competition Among Juris – dictions: Efficiency Enhancing or Distortion Inducing? . Journal of Public Economics, 1988, 35 (1): 333 –362.

[139] Osang Thomas, Arundhati Nandy. Impact of U. S. Environmental Regulation on the Competitiveness of Manufacturing Industries. SMU econ. Dept. mimeo, 2000.

[140] Panayotou T. Economic Growth and the Environment. Center for International Development, Harvard University, CIDWorking Paper, No. 156, 2001.

[141] Pargal Sheoli, David Wheele. Informal Regulation of Industrial Pollution in Developing Countries: Evidence from Indonesia. Journal of Political Economy, 1996, 104 (6): 114 –127.

[142] Patrick Low, Alexander Yeats. Nontariff measures and developing coun-

tries: has the Uruguay Round leveled the playing field. Policy Research Working Paper Series from The World Bank, No. 1353, 1992.

[143] Paul Krugman. Increasing Returns and Economic Geography. Journal of Political Economy, 1997, 99 (3) .

[144] Porter, Michael E, Claas van de Linde. Toward a New Conception of the Environment – Competitiveness Relationship. Journal of Economic Perspectives, 1995, 9 (4): 97 – 118.

[145] Ravi Ratnayake, Michael Wydeveld. the Mulitnational Corporation and the Environment: Testing the Pollution Haven Hypothesis. Economics Department, Economics Working Papers, the University of Auckland, 1998, 20 – 23.

[146] Raspiller S, Riedinger N. (2008) Do environmental regulations influence the location of french firms. Land Economics, 84 (3): 2008, 382 – 395.

[147] Repetto, Robert, Jobs. Competitiveness and Environmental Regulation: What are the Real Issues. Washington: World Resources Institute, 1995.

[148] Richard F Garbaccio, Mun S Ho, Dale W Jorgenson. Why has the Energy – Output Ratio Fallen in China . The Energy Journal, 1999, 20: 63 – 91.

[149] Schleich Joachim. Environmental Quality with Endogenous Domestic and Trade Policies. European. Journal of Political Economy, 1999, 15 (1): 53 – 71.

[150] Sigman H. Transboundary spillovers and decentralization of environmental policies. Journal of Environmental Economics and Management, 2005, 50: 82 – 101.

［151］ Staiger D, J H Stock. Instrumental Variables Regression With Weak Instruments. Econometrica, 1997, 65: 557 – 86.

［152］ Stern D I. Progress on the Environmental Kuznets Curve? . Environment and Development Economics, 1998, 3 (2): 173 – 196.

［153］ Stock J H, M YOGO. Testing for Weak Instruments in Linear IV Regression, in D. W. K. Andrews, and J. H. Stock, eds. , Identification and Inference for Econometric Models: Essays in Honor of Thomas Rothenberg. Cambridge, MA: Cambridge University Press, 2005.

［154］ Stokey N L. Are there limits to growth. International Economic Review, 1998, 39 (1): 1 – 33.

［155］ Suri V, Chapman D. Economic Growth, Trade and Energy: Implication for the Environmental Kuznets Curve. Ecological Economics, 1998, 25: 195 – 208.

［156］ Tobey James A. The Effects of Domestic Environmental Policies on Patterns of World Trade: An Empirical Test, Kyklos, 1990, 43 (2): 191 – 209.

［157］ Tom Verbeke, Marc De Clercq. The income – environment relationship: Evidence from a binary response model. Ecological Economics, 2006, 59 (4): 419 – 428.

［158］ Van Beers, Cees, Jeroen C J M van den Bergh. An Empirical Multi – Country Analysis of the Impact of Environmental Regulations on Foreign Trade Flows, Kyklos, 1997, 50 (1): 29 – 46.

［159］ Vogan, Christine. Pollution Abatement and Control Expenditures 1972 – 94, Table. 11. Survey of Current Business, Sept 1996.

［160］ Vogel David. Trading Up: Consumer and Environmental Regulation in a Global Economy, Cambridge: Harvard University Press, 1994.

[161] Vuuren D P V, Smeets E M W. Ecological footprint of Benin, Bhutan, Costa Rica, and the Netherlands. Ecological Economics, 2000, 34 (1): 115 – 130.

[162] Ulph Alistair. Harmonization and Optimal Environmental Policy in a Federal System with Asymmetric Information. Journal of Environmental Economics and Management, 2000, 39: 224 – 241.

[163] Wackernagel M, Rees W E. Our Ecological Footprint: Reducing Human Impact on the Earth. Gabriola Island: New Society Publishers, 1996: 125 – 128.

[164] Wackernagel M, Onisto L, Bello P, et al. National natural capacity accounting with the ecological footprint concept. Ecological Economics, 1999, 29 (3): 375 – 391.

[165] Wackernagel M, Lillemor Lewan, Carina Borgström Hansson. Evaluating the Use of Natural Capital with the Ecological Footprint: Applications in Sweden and Subregions. Ambio, 1999, 28 (7) : 604 – 612.

[166] William Rees, Wackernagel M. Ecological footprint and appropriated carrying capacity: what urban economics leaves out? . Environment and Urbanization, 1992, 4 (2): 121 – 130.

[167] Wiedmann, Minx, Barrett, et al. Allocating Ecological Footprints to Final Consumption Categories with Input – Output Analysis. Ecological Economics, 2006, 56 (2): 28 – 48.

[168] Wilson, John D. Capital Mobility and Environmental Standards: Is There a Theoretical Basis for a Race to the Bottom? In Fair Trade and Harmonization: Prerequisites for Free Trade, J. N. Bhagwati and R. E. Hudec, eds. Cambridge, MA: MIT Press, 1996, 393 – 427.

附录：2008 年全国各省份人均生产性生态足迹

表 1　2008 年全国各省份人均耕地生产性生态足迹

	谷物	豆类	薯类	棉花	油料	麻类	甘蔗	甜菜	烟叶	蚕茧	茶叶	禽蛋	猪肉	人均耕地生态足迹
北 京	0.02613	0.00065	0.00009	0.00008	0.00069	0.00000	0.00000	0.00000	0.00000	0.00000	0.00000	0.02248	0.17786	0.22798
天 津	0.04566	0.00057	0.00002	0.00705	0.00022	0.00000	0.00000	0.00000	0.00000	0.00000	0.00000	0.04186	0.26981	0.365194
河 北	0.14384	0.00354	0.00115	0.01055	0.01176	0.00001	0.00000	0.00047	0.00006	0.00002	0.00000	0.14702	0.47523	0.793653
山 西	0.10133	0.00549	0.00104	0.00313	0.00302	0.00000	0.00000	0.00038	0.00016	0.00017	0.00000	0.04515	0.18001	0.339891
内蒙古	0.26874	0.03475	0.00643	0.00012	0.02624	0.00060	0.00000	0.00391	0.00038	0.00039	0.00000	0.04717	0.36214	0.75088
辽 宁	0.14865	0.00660	0.00087	0.00006	0.00606	0.00000	0.00000	0.00010	0.00048	0.00124	0.00000	0.14729	0.65771	0.969064
吉 林	0.36057	0.02101	0.00082	0.00019	0.01022	0.00006	0.00000	0.00049	0.00154	0.00013	0.00000	0.07965	0.51696	0.991643
黑龙江	0.33358	0.09394	0.00117	0.00000	0.00401	0.00287	0.00000	0.00378	0.00132	0.00009	0.00000	0.06122	0.34129	0.843267
上 海	0.02196	0.00046	0.00001	0.00017	0.00103	0.00000	0.00003	0.00000	0.00000	0.00000	0.00000	0.00821	0.12408	0.155952
江 苏	0.14465	0.00608	0.00043	0.00425	0.01055	0.00002	0.00006	0.00000	0.00000	0.00128	0.00036	0.05604	0.34311	0.566826
浙 江	0.05025	0.00321	0.00060	0.00055	0.00434	0.00001	0.00093	0.00000	0.00005	0.00160	0.00560	0.02023	0.33481	0.422204
安 徽	0.16910	0.01141	0.00060	0.00592	0.02003	0.00035	0.00026	0.00000	0.00027	0.00063	0.00218	0.04568	0.47885	0.735286
福 建	0.05313	0.00258	0.00241	0.00000	0.00380	0.00000	0.00109	0.00000	0.00249	0.00000	0.01212	0.02291	0.51221	0.612744
江 西	0.15507	0.00327	0.00107	0.00254	0.01117	0.00019	0.00081	0.00000	0.00070	0.00018	0.00092	0.02274	0.60835	0.807018
山 东	0.15633	0.00240	0.00151	0.01105	0.01949	0.00000	0.00000	0.00000	0.00068	0.00066	0.00019	0.09689	0.46112	0.750304
河 南	0.19813	0.00550	0.00120	0.00690	0.02888	0.00031	0.00012	0.00000	0.00183	0.00030	0.00060	0.09855	0.52612	0.868447
湖 北	0.13408	0.00424	0.00113	0.00899	0.02696	0.00056	0.00026	0.00000	0.00133	0.00022	0.00403	0.05432	0.61612	0.852242
湖 南	0.15224	0.00297	0.00130	0.00387	0.01130	0.00111	0.00067	0.00000	0.00196	0.00000	0.00254	0.03427	0.78419	0.996433
广 东	0.04089	0.00102	0.00128	0.00000	0.00460	0.00001	0.00698	0.00000	0.00033	0.00088	0.00090	0.00847	0.35959	0.424957
广 西	0.09968	0.00257	0.00090	0.00004	0.00420	0.00016	0.09477	0.00000	0.00039	0.00462	0.00122	0.00931	0.61271	0.830577
海 南	0.06442	0.00114	0.00285	0.00000	0.00548	0.00008	0.03375	0.00000	0.00000	0.00000	0.00021	0.00910	0.58374	0.700777
重 庆	0.10771	0.00717	0.00772	0.00000	0.00677	0.00040	0.00022	0.00000	0.00195	0.00086	0.00153	0.03636	0.66951	0.840196
四 川	0.11713	0.00770	0.00398	0.00019	0.01655	0.00056	0.00079	0.00000	0.00181	0.00130	0.00302	0.04393	0.72440	0.921366
贵 州	0.08715	0.00514	0.00449	0.00002	0.00972	0.00002	0.00105	0.00000	0.00678	0.00002	0.00163	0.00713	0.47959	0.602734
云 南	0.09921	0.01330	0.00296	0.00000	0.00360	0.00033	0.02322	0.00000	0.01228	0.00065	0.00667	0.01068	0.65316	0.826064
西 藏	0.11666	0.00497	0.00014	0.00000	0.01132	0.00000	0.00000	0.00000	0.00000	0.00000	0.00000	0.00248	0.05693	0.192501
陕 西	0.09484	0.00716	0.00173	0.00268	0.00708	0.00001	0.00000	0.00000	0.00124	0.00089	0.00075	0.03203	0.26391	0.412326
甘 肃	0.08835	0.00754	0.00648	0.00469	0.01098	0.00012	0.00000	0.00042	0.00025	0.00000	0.00004	0.01130	0.22069	0.350857
青 海	0.03599	0.01058	0.00518	0.00000	0.03424	0.00000	0.00000	0.00000	0.00009	0.00000	0.00000	0.00627	0.21310	0.305435
宁 夏	0.16688	0.00358	0.00543	0.00000	0.01183	0.00000	0.00000	0.00000	0.00023	0.00000	0.00000	0.02608	0.18487	0.398903
新 疆	0.15362	0.00422	0.00058	0.14200	0.01437	0.00190	0.00000	0.01144	0.00002	0.00000	0.00000	0.02920	0.14136	0.498716

表 2　2008 年全国各省份人均林地生产性生态足迹

	木　材	油桐籽	油茶籽	核　桃	水果	人均林地生态足迹
北　京	0.002107	0	0	0.002602	0.003894	0.008603
天　津	0.001999	0	0	0.000155	0.002943	0.005097
河　北	0.003965	0	0	0.002938	0.012185	0.019088
山　西	0.001083	0	0	0.006002	0.006689	0.013774
内蒙古	0.071281	0	0	0	0.005482	0.076763
辽　宁	0.02108	0	0	0.003254	0.007618	0.031952
吉　林	0.077424	0	0	0.000801	0.005565	0.08379
黑龙江	0.072147	0	0	$1.29E-05$	0.005338	0.077498
上　海	0	0	0	0	0.00327	0.00327
江　苏	0.00737	0	0	0	0.004941	0.012311
浙　江	0.029684	$7.57E-06$	0.006059	0.001184	0.008115	0.04505
安　徽	0.033248	0.000198	0.003471	0.000712	0.006265	0.043893
福　建	0.105614	0.003692	0.013271	$1.02E-06$	0.009749	0.132328
江　西	0.069693	0.001115	0.027184	$3.87E-05$	0.005613	0.103643
山　东	0.009644	0	0	0.001405	0.015413	0.026462
河　南	0.00313	0.004417	0.001186	0.001452	0.012547	0.022732
湖　北	0.019457	0.001442	0.003966	0.000243	0.006675	0.031784
湖　南	0.068953	0.00375	0.039308	0.000206	0.005774	0.117991
广　东	0.026825	0.000371	0.001988	0	0.006294	0.035479
广　西	0.116326	0.008954	0.016502	$4.85E-05$	0.009872	0.151702
海　南	0.059431	0	0	0	0.021155	0.080586
重　庆	0.003643	0.005159	0.000768	0.001046	0.003782	0.014398
四　川	0.017594	0.002172	0.000258	0.003734	0.004336	0.028093
贵　州	0.028263	0.01036	0.00205	0.001279	0.001674	0.043626
云　南	0.047289	0.002487	0.000808	0.014574	0.003833	0.068991
西　藏	0.026264	0	0	0	0.000206	0.02647
陕　西	0.004177	0.002307	$2.97E-05$	0.007495	0.018415	0.032423
甘　肃	0.001677	0.000124	0	0.005397	0.008701	0.015899
青　海	0.00083	0	0	0.000117	0.000327	0.001274
宁　夏	0.000499	0	0	$1.3E-05$	0.016707	0.017219
新　疆	0.00844	0	0	0.012671	0.022293	0.043404

表3　2008 年全国各省份人均草地生产性生态足迹

	牛　肉	羊　肉	奶　类	羊毛	蜂　蜜	人均草地 生态足迹
北　京	0.03806	0.025941	0.078198	0.002836	0.003681	0.148716
天　津	0.094797	0.037162	0.118784	0.003367	0	0.254111
河　北	0.246416	0.114814	0.146884	0.035915	0.002798	0.546827
山　西	0.037565	0.044913	0.040894	0.014484	0.001835	0.139692
内蒙古	0.540973	1.065164	0.760285	0.293253	0.003777	2.663452
辽　宁	0.264775	0.05155	0.04952	0.02143	0.00093	0.388206
吉　林	0.442995	0.038857	0.028955	0.053172	0.008669	0.572649
黑龙江	0.258258	0.082936	0.267057	0.043197	0.0064	0.657849
上　海	0	0.008737	0.024563	0.000568	0	0.033869
江　苏	0.011713	0.027641	0.015841	0.000659	0.002351	0.058205
浙　江	0.005814	0.010916	0.008758	0.002984	0.033317	0.06179
安　徽	0.084512	0.066265	0.005876	0.000377	0.004889	0.16192
福　建	0.017995	0.013858	0.008218	0	0.004415	0.044486
江　西	0.07286	0.007924	0.005066	0	0.004608	0.090458
山　东	0.227417	0.106866	0.053924	0.010898	0.001975	0.40108
河　南	0.270282	0.085166	0.063088	0.012052	0.021735	0.452322
湖　北	0.085389	0.038719	0.011575	$1.22E-05$	0.002492	0.138188
湖　南	0.069396	0.050187	0.004749	$1.67E-05$	0.00308	0.127429
广　东	0.018288	0.002589	0.002771	$2.1E-06$	0.002762	0.026412
广　西	0.078346	0.018387	0.003104	0	0.003322	0.10316
海　南	0.077852	0.036887	0.001102	0	0.001588	0.117429
重　庆	0.055382	0.019024	0.005462	$9.39E-06$	0.007248	0.087126
四　川	0.106781	0.089361	0.016305	0.005884	0.010303	0.228634
贵　州	0.081651	0.024266	0.002245	0.000772	0.001631	0.110566
云　南	0.174259	0.076533	0.042673	0.002311	0.00279	0.298567
西　藏	1.497899	0.874357	0.363978	0.233081	0	2.969314
陕　西	0.061099	0.059339	0.096531	0.009555	0.002631	0.229154
甘　肃	0.170303	0.17699	0.026296	0.06708	0.0008	0.441468
青　海	0.39781	0.474106	0.097853	0.184846	0.003716	1.158331
宁　夏	0.334879	0.288241	0.287733	0.067877	0.002496	0.981226
新　疆	0.461059	0.653733	0.133048	0.282604	0.005127	1.535571

表 4　2008 年全国各省份人均水域生产性生态足迹

	水产品	人均水域生态足迹
北　京	0. 109065202	0. 109065202
天　津	0. 832524044	0. 832524044
河　北	0. 205821337	0. 205821337
山　西	0. 031039043	0. 031039043
内蒙古	0. 140306525	0. 140306525
辽　宁	0. 491640846	0. 491640846
吉　林	0. 195494791	0. 195494791
黑龙江	0. 320724567	0. 320724567
上　海	0. 266949863	0. 266949863
江　苏	1. 346334492	1. 346334492
浙　江	0. 546804957	0. 546804957
安　徽	0. 968355113	0. 968355113
福　建	0. 630956983	0. 630956983
江　西	1. 492054859	1. 492054859
山　东	0. 442432611	0. 442432611
河　南	0. 18496129	0. 18496129
湖　北	1. 892256927	1. 892256927
湖　南	0. 96524646	0. 96524646
广　东	1. 096929647	1. 096929647
广　西	0. 758421641	0. 758421641
海　南	1. 151401114	1. 151401114
重　庆	0. 231504537	0. 231504537
四　川	0. 403405903	0. 403405903
贵　州	0. 070916073	0. 070916073
云　南	0. 193271194	0. 193271194
西　藏	0. 006007449	0. 006007449
陕　西	0. 04784689	0. 04784689
甘　肃	0. 015443057	0. 015443057
青　海	0. 009020386	0. 009020386
宁　夏	0. 41945491	0. 41945491
新　疆	0. 147589055	0. 147589055

表 5　2008 年全国各省份人均化学燃料地生产性生态足迹

	原　煤	原　油	天然气	人均化学燃料地生态足迹
北　京	0.066437	0	0	0.066437
天　津	0	1.557784908	0.112552	1.670336
河　北	0.232894	0.08455426	0.011808	0.329255
山　西	4.442855	0.012649926	0	4.455505
内蒙古	3.560268	0.066828225	0.393654	4.02075
辽　宁	0.288879	0.255400502	0.019604	0.563883
吉　林	0.233024	0.227242112	0.02353	0.483796
黑龙江	0.490953	0.96599936	0.067895	1.524848
上　海	0	0.010251056	0.020966	0.031217
江　苏	0.061445	0.022105582	0.000691	0.084242
浙　江	0.000497	0	0	0.000497
安　徽	0.368766	0	0	0.368766
福　建	0.122204	0	0	0.122204
江　西	0.128807	0	0.000772	0.129579
山　东	0.316576	0.285196701	0.008905	0.610678
河　南	0.413517	0.046375242	0.014001	0.473893
湖　北	0.040981	0.013501247	0.004698	0.05918
湖　南	0.18361	0	0	0.18361
广　东	0	0.132382284	0.059471	0.191853
广　西	0.011947	0.000545998	0	0.012493
海　南	0	0.012992087	0.021208	0.0342
重　庆	0.221651	0	0.264557	0.486208
四　川	0.229984	0.002183956	0.200117	0.432285
贵　州	0.604121	0	0	0.604121
云　南	0.313038	0	0	0.313038
西　藏	0	0	0	0
陕　西	1.25256	0.601688849	0.3611	2.215349
甘　肃	0.292071	0.127617839	0.00454	0.424229
青　海	0.414475	0.365195099	0.744115	1.523786
宁　夏	1.382225	0.013251386	0.001098	1.396574
新　疆	0.67731	1.170130812	1.04742	2.894861

表 6　2008 年全国各省份人均建筑用地生产性生态足迹

足迹	电力	人均建筑用地生态足迹
北　京	0.0048177	0.0048177
天　津	0.0051941	0.0051941
河　北	0.0035492	0.0035492
山　西	0.0045626	0.0045626
内蒙古	0.0059874	0.0059874
辽　宁	0.0038747	0.0038747
吉　林	0.0021502	0.0021502
黑龙江	0.0020734	0.0020734
上　海	0.0071361	0.0071361
江　苏	0.0048091	0.0048091
浙　江	0.0053717	0.0053717
安　徽	0.0016576	0.0016576
福　建	0.0035267	0.0035267
江　西	0.001469	0.001469
山　东	0.0034286	0.0034286
河　南	0.0024747	0.0024747
湖　北	0.0021945	0.0021945
湖　南	0.0016795	0.0016795
广　东	0.0043479	0.0043479
广　西	0.0018522	0.0018522
海　南	0.0016873	0.0016873
重　庆	0.0020202	0.0020202
四　川	0.0017606	0.0017606
贵　州	0.0021203	0.0021203
云　南	0.0021616	0.0021616
西　藏	0	0
陕　西	0.0022283	0.0022283
甘　肃	0.0030536	0.0030536
青　海	0.00669	0.00669
宁　夏	0.0084263	0.0084263
新　疆	0.0026638	0.0026638